実践 TypeScript

BFFとNext.js & Nuxt.jsの型定義

吉井 健文 著

●本書のサポートサイト
本書の補足情報、訂正情報などを掲載します。適宜ご参照ください。
http://book.mynavi.jp/supportsite/detail/9784839969370.html

●本書は2019年6月段階での情報に基づいて執筆されています。

●本書に登場する製品やソフトウェア、サービスのバージョン、画面、機能、URL、製品のスペックなどの情報は、すべて原稿執筆時点でのものです。執筆以降に変更になっている場合があります。

●本書に記載された内容は、情報の提供のみを目的としております。したがって、本書を用いての運用はすべてお客さま自身の責任と判断において行ってください。

●本書の制作にあたっては正確な記述につとめましたが、著者や出版社のいずれも、本書の内容に関して何らかの保証をするものではなく、内容に関するいかなる運用結果についても一切の責任を負いません。あらかじめ、ご了承ください。

●本書で使用しているイラストには、「Flaticon」(https://profile.flaticon.com/) の制作物を利用しています。

●本書中の会社名や商品名は、該当する各社の商標または登録商標です。また、本書中では™および®マークは省略しています。

はじめに

昨今のフロントエンドコミュニティは活気に溢れています。日替わりで話題になる技術ブログ、全国で毎日のように開催される勉強会、どこへ行っても話題の絶えないフロントエンド開発技術……。中でも「TypeScript」は、フレームワークや開発領域を問わず、多くの開発者の関心ごとになっています。本書を手にとられた皆さまも、少なからずこの流行を感じているのではないでしょうか。

新しい技術にまず触れてみることは、よい慣習です。何ごとも体験に勝る説得力はなく、それが本当に必要なものなのか、実体験なくして判断することはできません。TypeScriptに興味を持たれたなら、まず触れてみることをお勧めします。その優れた型システムに、きっと魅了されるでしょう。

しかしながら、いざTypeScriptを実務に導入したいと思い立っても、どの現場でも一筋縄ではいかない事情があります。プロジェクトを管理する技術責任者に、「これまでJavaScriptで問題なく開発できていたものに余分に時間を割く余裕はない」と判断されることもあります。スピードが生命線のサービス開発において、これは当然かもしれません。

筆者は、これまで参加した勉強会などで「チームにTypeScriptの意義を伝えきれない」という悩みに直面している方と、お話しする機会が何度もありました。共通していたのは「そもそも何が課題であり、何を解決しようとしているのか」を、十分に説得できていない状態だったということです。プロダクションに導入するからには、チームを十分に納得させるだけの根拠と、同意が必要です。本書の執筆にあたって目標としたことはたくさんありますが、これらの背景からとりわけ次の3点を重視しました。

・初学者でもわかりやすいこと
・TypeScriptの導入意義を伝える一助となること
・課題を明らかにし、型定義のあるべき姿に到達すること

もしあなたのチームメンバーに導入の意義が伝え切れていないなら、本書の内容を共有し、説得材料として活用してください。TypeScriptは、開発速度を下げるのではなく、上げるものです。スピーディーに品質の高いサービスを開発する上では欠かせない、最高のパートナーだということが共有できるはずです。

とはいえ、よい話ばかりではなく「つらい」という声が一定数あることも事実です。TypeScriptを導入したものの、手間ばかりかかってしまい、結局、JavaScriptに戻してしまったという話も少なくありません。TypeScriptの話題の中で「any」という用語を用いて、型定義がうまくいかない現場を揶揄する光景がありますが、これは何かしらの課題があることに起因しています。よいライブラリを使えば自動的によいアプリケーションが作れるわけではないように、型定義も個人の力量とアイディアが重要です。本書は、そんな「型定義」のスキルアップを目指すには最適の一冊です。

ある程度のTypeScriptの知識がなければ、頻繁に訪れるアップデートで何が可能になるのか、気づくこともなく過ぎ去ってしまいます。新機能によって、これまで実現できなかった推論が化学反応を起こしたように可能になる……本書を読み終えれば、この進化を楽しみに待つ日々が訪れることを約束します。TypeScriptの素晴らしい開発体験への第一歩は、ここに開かれています。

2019年6月　吉井 健文

本書について

本書の読み方

●本書の対象読者

本書を手にとっていただき、まことにありがとうございます。もし皆さまが、体型的にアプリケーションを構築する術を身に付けたいと考え、本書を手に取られたなら、別途、専門書籍や文献をお求めください。本書は、JavaScriptには存在しない、TypeScript特有の知識を体系的に学ぶための一冊です。

想定している対象読者は、ある程度JavaScriptでアプリケーションを作った経験がある方です。集中してTypeScriptの型定義を深く学びたいと考えているのなら、本書は最適の一冊となるでしょう。

●第１部「導入編」について

TypeScriptは、日進月歩で進化を続けています。直近のTypeScriptの進化はめざましいものがあり、ここ1、2年で大きな進化を遂げました。恐らく2020年には、4.x系がリリースされることでしょう。この進化に伴い、誌面の一部内容が古くなってしまう可能性があります。

しかし、TypeScriptの型システムそのものの仕様が根本から覆ることはないはずです。2012年のリリース以来、機能が追加されることはあれど、仕様が根本的に覆るということはなく、リリース当時から受け継がれてきた基礎知識は、今もなお必要なものです。そのため、この書籍で学ぶことが将来無駄になることはないでしょう。

第1部は、この基礎知識を学び、第2部の理解を深めるためのものです。

●第２部「実践編」について

第2部では、実践編として「Next.js」「Nuxt.js」という特定のフレームワークにフォーカスしています。これもまた日進月歩の進化で、今後、変化することが想定されます。

この変化の激しいフレームワークの「使い方」を、今すぐ役立つ知識として取り上げていますが、本書では「それらの型が、どのように定義されているのか」という観点を追求しています。一部のAPIの知識が廃れてしまっても、それらを支える型定義の基礎知識は揺らぎのないものです。

2019年現在の人気のフレームワークを通じてTypeScriptを学ぶということは、今後のTypeScriptプログラミングにおいて、必要な基礎知識となるはずです。「Next.jsとNuxt.jsのどちらかにしか興味がない」あるいは「どちらかだけを使っている」のであれば、これを機に他方のフレームワークにも挑戦してみて下さい。TypeScriptの知識が、より深く身に付きます。

第7章～第11章までの各章は、それぞれ3節立てで構成されています。1節から3節まで、段階的に難易度が上がっていくようになっています。

・1節：もっとも簡単な導入方法・基礎知識
・2節：導入にあたり十分な実践知識
・3節：知識を総導入した高度な応用型定義

もしTypeScriptの経験が浅い場合、本書を順番に読み進めてしまうと、難しいと感じるかもしれません。わからない単語が出てきた場合、索引を活用して、第1部に立ち返ってください。必要なところを必要な分だけ、読み進めるとよいでしょう。

現在のところ、状態管理の「Redux」「Vuex」については、技術選定において必須のものではありません。しかし、これらは「型定義」を学ぶためには最適の題材です。まだ触れたことがないのなら、これを機に、ぜひ挑戦してみてください。

●コンパイルエラーについて

TypeScriptを導入する目的は、さまざまなものがあります。コードヒントによる開発効率向上のほか、予期せぬ事故防止などもあるでしょう。

TypeScriptによる「コンパイルエラー」は、実行する前に異常を検知する重要な仕組みです。不慣れなうちは、「コンパイルエラー」が何を示しているのか、理解し難いかもしれません。そして、そのエラーを解消することを、億劫に感じるかもしれません。

昨今のJavaScriptプロジェクトは、年々規模が増大しています。それに伴って、何かコードを変更するにしても、影響範囲を特定することが難しくなっています。「大規模プロジェクト構築が可能」という観点は、まさにこの「影響範囲を特定しやすいか否か」に直結します。

静的型付けに守られる最大の利点は、一箇所のコードの変更により引き起こされる影響範囲の特定です。TypeScriptの需要が年々増しているのは、フロントエンドのコードが、大規模化していることにほかならないでしょう。

そんな現場にとって「コンパイルエラー」というのは、進んで勝ち取りにいくものです。そこで本書は、このコンパイルエラーをどうすれば得ることができるのかに注力し、解説しています。

●互換性について

TypeScriptの静的型チェックは、第4章と第5章に記しているように「構造的部分型」の互換性に基づいています。ある型が、別の型に厳密に一致するか否かというチェックではありません。

比較する型の双方に「互換性があるか否か」という判断力を身に付けることで、より意図に沿った型定義を行うことができるようになります。互換性に起因するコンパイルエラーに遭遇し、解決する方法がわからなかったり迷ったりした場合は、第4章と第5章に立ち返ることをお勧めします。どのような観点でチェックが行われているのか、より理解が深まるでしょう。

サービス開発とフロントエンド技術の推移

フロントエンドの発展

●Webフロントエンドの推移

従来のWebフロントエンド開発といえば、HTML／CSSをベースとしてjQueryによるインタラクションを付与する程度のものであり、「フルスタックWebアプリケーションフレームワーク」の一部でしかありませんでした。

しかし、フロントエンド技術の発展とともに、昨今のWebサービス開発の主流は大きく変わりました。バックエンドあるいはフロントエンド全体を俯瞰して見たとき、この変化が与えた影響は少なくありません。「フロントエンド」という単語を見直さなければならないほど、開発の現場にはサービスを構成する責務が移行してきています。

●Single Page Applicationの登場

「React」[※1]を用いた「SPA (Single Page Application)」の登場が、フロントエンド開発に大きなパラダイム転換をもたらしました。従来、バックエンドが担っていた「Page Request」のルーティングを「View」が請け負い、「Virtual DOM」(仮想DOM)によって高速な描画更新を行うことで、快適なWebブラウジングをエンドユーザーに届けることができるようになりました。

この頃から、「React」「Vue.js」[※2]「Angular」[※3]という3つのフレームワークが、フロントエンドエンジニアの大きなの関心ごとになりはじめました。今ではSPAの構築は一般的になり、大規模なアプリケーションも珍しくなくなっています。

●Server Side Renderingの登場

SPAに続き、「SSR(Server Side Rendering)」という技術が登場しました。JavaScriptで記述された「View Component」を事前にサーバーサイドでレンダリングし、HTMLとしてクライアントに返します。SSRには、検索エンジンにコンテンツを確実にクロールさせるという目的も、過去にはありました。

それとは別に、SPAでの課題であった「First Meaningful Paint」[※4]までの遅延は、SSRで高速化することが可能です。このほかにもServiceWorkerを使った「PWA (Progressive Web Apps)」など、ハイパフォーマンスWebクライアント構築に向け、さまざまなアプローチが試みられています。

※1　https://reactjs.org/
※2　https://jp.vuejs.org/
※3　https://angular.io/
※4　ユーザーに意味のある表示がされるタイミング、あるいは、それまでの所要時間のこと。

TypeScriptを導入するメリット

●モジュールと責務の分割

「CommonJS」や「AMD（Asynchronous Module Definition）」の登場により、フロントエンド開発はモジュールシステムに移行しました。今では、JavaScriptで記述する処理は、適切な粒度のモジュールに分割することが一般的になっています。もちろん、本書で扱うTypeScriptによって記述されたプロジェクトも、これらをサポートしています。

フロントエンドで型システムが重要視されているのは「分割されたモジュール同士の依存関係を担保する」という観点が何よりも先に挙がります。

●大規模化するフロントエンド

型システムが重要視されているもう1つの理由に、フロントエンドコードが大規模化しているという背景があります。SPAのコード構成は、状態管理を担うStore設計を中心に、分割されたモジュール同士が依存しあうものです。

型システムが不在のプロジェクトでは、コードが肥大化するにつれて、依存関係を把握することが困難になります。プロジェクトの活きたドキュメントとして、型システムに「ドメインの知識」を教え込むことは、チーム開発の中でとりわけ重要な工程になります。

●DXの発展

もう1つ、TypeScriptを導入するモチベーションとして、「DX（Developer Experience：開発体験）」のよさがあります。これを支えているのは、「Visual Studio Code」（VS Code）の存在です。TypeScriptの発展に、VS Codeが大きく貢献していることは間違いないでしょう。

VS CodeのIntelliSenseによる補完機能は、開発効率を格段に向上させます。高精度のリアルタイム補完は、リファクタリング工程において、開発者が憂慮なく既存コードを壊し・再構築することを可能にします。詳しくは、第1章を参照してください。

マイクロサービス化するサービス開発の現場

●モノリスなWebアプリケーション

「Ruby on Rails」※5「Django」※6「Laravel」※7などのフルスタックWebアプリケーションフレームワークを使うことで、誰でも簡単にWebサービスを立ち上げることができるようになってから、しばらくが経ちました。成熟したWebアプリケーションは、巨大な責務を抱えることから「モノリス」※8と揶揄され

※5 https://rubyonrails.org/
※6 https://www.djangoproject.com/
※7 https://laravel.com/
※8 遺跡などに配置された単一の大きな岩などのこと。あるいは、一枚の塊状の岩や石から成る地質学的特徴のこと。

ることも増えてきました。

時間の経過とともにドメインの知識は複雑に凝集され、新機能の追加コストは、複雑さと比例することが少なくありません。

●解体されるフルスタックフレームワーク

「マイクロサービスアーキテクチャ」は、そんなモノリシックアプリケーションを解体し、柔軟なアプリケーションの発展を適えるアーキテクチャとして注目を集めています。適切に責務が分割されたサーバ群は、各々のドメインロジックに集中して、進化します。昨今では、フロントエンドエンジニアであっても、このサーバー開発に参画する時代へと突入しています。

●フロントエンドのBFF責務

フルスタックWebアプリケーションフレームワークは、HTMLレンダリング・アセットの供給など、フロントエンドに関わる責務も抱えていました。マイクロサービスの文脈においては、この責務を分断し、バックエンドとフロントエンドに線を引くことは自然な流れでした。

「BFF（Backend for Frontend）」と呼ばれるコンポーネントは、そんな文脈から発生しています。BFFとは、名前の通り、フロントエンドのためのバックエンド（サーバー）です。たとえば、APIをコールしたりUIを生成したりするサーバーなどを指します。つまり、Webクライアントに必要なユースケースは、サーバーサイドのコードであってもWebクライアントの開発者が担うということです。APIサーバー群の中間に位置するBFFサーバーは、APIサーバー群のドメインロジックを変更することなく、多様なエンドユーザーに向けて情報を集約し、適切なUIを届けることが可能になります。

マイクロサービス構成の一角を担う存在として、Webクライアントのみならず、NativeApp向けのサーバーとしてもBFFには大きな期待が寄せられています。

ユニバーサルWebアプリケーションフレームワーク

●時代背景から生まれたユニバーサルWebアプリケーション

フロントエンド技術の発展により、「SPA／SSR」は一躍有名になりましたが、それらの統合は決してハードルの低いものではありませんでした。近年、国内で広く認知されているフロンエンドライブラリの「React／Vue.js」をベースとしたSPA／SSRを容易に統合するフレームワークとして「Next.js／Nuxt.js」が登場しました。これらは「ユニバーサルWebアプリケーションフレームワーク」と呼ばれています。

両者の台頭により、フロンエンドエンジニア・非フロンエンドエンジニアでも、難度の高いDevOpsを簡略化することが可能になりました。継続的メンテナンスのハードルが下がったことも、BFF採用を後押ししている要因ともいえるでしょう。

●BFFへと進化するユニバーサルWebアプリケーション

しかし、Next.jsやNuxt.jsが担う責務はViewレンダリングの情報集約に特化されているのみであり、BFF機能の一部にすぎません。Webクライアントに特化されたAPIを集約するゲートウェイとしての機構は、別に構築する必要があります。

RESTであれば、ほかのAPIコンポーネントからGETでJSONを取得したり、POST／PUT／PATCH処理でデータベースを更新するといった処理は、どこに記述するべきでしょうか。別立てでAPIサーバーを用意する方法もありますが、「Next.js／Nuxt.js」ともに、これらに対応する拡張機能がはじめから備わっています。

●TypeScriptがつなぐBFFとClient

Webアプリケーションを構築するNode.jsサーバーとして、「Express」※9「Koa」※10「Hapi」※11などがあります。「Next.js／Nuxt.js」は、これらを統合することが可能で、いずれかのNode.jsサーバー開発の経験があれば、知見をそのまま活かすことができます。統合方法については、第10章・第11章で解説します。

同じ言語でフロントエンド・バックエンドが開発できるため、シームレスな統合とクライアント単位でのユースケース開発は、大きなメリットになります。

そして、TypeScriptという静的型付け言語が、BFFに大きな意味を持ちます。

Node.jsをベースとした開発にTypeScriptを積極的に採用する理由は、開発フローを加速させるだけではありません。TypeScriptの持つ型システムが、バックエンドからフロントエンドの末端のViewまで、一環して不整合のないデータの橋渡しを実現します。

※9　http://expressjs.com
※10　https://koajs.com/
※11　https://hapijs.com/

Contents

第3章 TypeScriptの型推論

第4章 TypeScriptの型安全

第5章 TypeScriptの型システム

第6章 TypeScriptの高度な型

第2部 実践編

第7章 ReactとTypeScript

第8章 Vue.jsとTypeScript

第9章 ExpressとTypeScript

第10章 Next.jsとTypeScript

第11章 Nuxt.jsとTypeScript

TypeScript

第1部

導入編

TypeScriptはJavaScriptのスーパーセットであり、JavaScriptプログラミングに慣れたプログラマーであれば、学習コストはあまり高くありません。本書を手に取られた方のほとんどは、JavaScriptからのステップアップとして、TypeScriptプロジェクトに移行しようと検討されていることでしょう。TypeScriptは型システムを有することが特徴ですが、その知識がほとんどなくてもプログラミングをすることは可能です。

そこで、第1部では、型についての知識がゼロの状態から高度な型定義を習得するまで、必要となる知識を解説しています。第2部に進むまで、第1部を読み切る必要はありません。第2部で分からない単語が出てきたら、確認のために戻ってくるといった読み進め方でもよいでしょう。

1章と2章は、設定などの基礎知識を取り上げています。リファレンスとして役立てください。3章4章を理解すれば、基本的なTypeScriptプロジェクトに取り組めるはずです。5章と6章は、より実践的な型定義として、TypeScriptの魅力を知ることができます。

第1章

開発環境と設定

TypeScriptを体験するための環境構築は、非常に簡単です。Visual Studio Codeがあれば、型推論の挙動をすぐに確認できます。本章では、Visual Studio Codeについて簡単に説明するとともに、ビルドコンフィグについて解説します。あわせて、tscビルド、webpackなどのバンドラーについても触れていきます。

1-1 TypeScriptの開発環境

1-1-1 Visual Studio Code

本書の冒頭でも述べたように、TypeScript開発には、Visual Studio Code（VS Code）の存在が欠かせません。VS Codeは、Microsoft主導のオープンソースソフトウェアとして開発されており、Windows／macOS／Linuxに対応しています。TypeScriptによる開発では標準ともいえるツールなので、環境に合わせてインストールしてください。

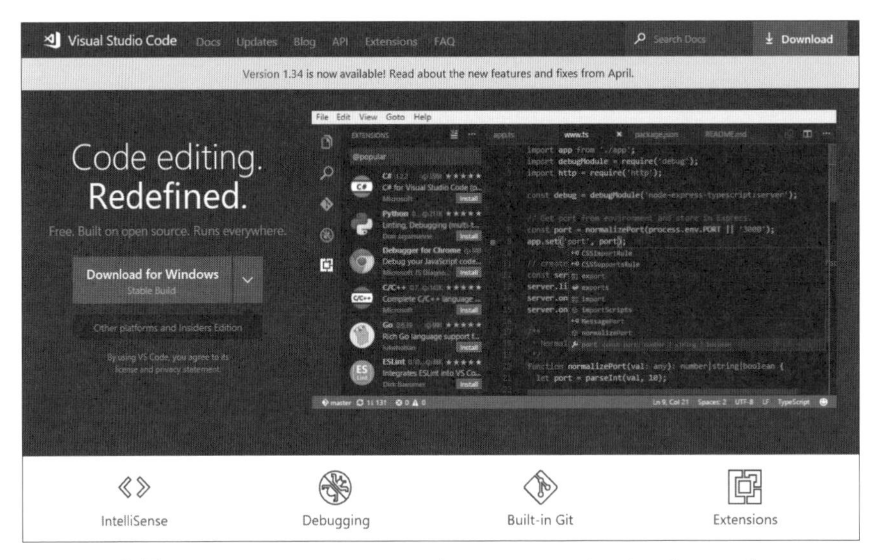

▶図1-1-1　Visual Studio Code（https://code.visualstudio.com/）

VS Codeには、次のような4つの特徴があります。

- IntelliSenseによるコード補完
- デバッグツールの統合
- Gitクライアントの統合
- Extensionsによる機能拡張

この中でも、TypeScriptで開発するにあたって、もっとも強力な機能が「**IntelliSense**」によるコード補完です。IntelliSenseを中心に、TypeScript開発で役立つVS Codeの機能について紹介しておきましょう。

■IntelliSense

「**IntelliSense**」は、コード補完、パラメータ情報、クイック情報、メンバーリストなど、さまざまなコード編集機能の総称です。 IntelliSense機能は、「コード補完」「コンテンツアシスト」「コードヒント」など、ほかの名前で呼ばれることもあります。

VS CodeのIntelliSenseは、JavaScript、TypeScript、JSON、HTML、CSS、SCSSなどがすぐに使用できる状態で提供されています。VS Codeは、あらゆるプログラミング言語において単語ベースの補完をサポートしていますが、言語拡張機能をインストールすることで、さらに豊富なIntelliSenseを使用できます。

■Language Service

VS CodeのIntelliSenseは「**Language Service**」によって強化されています。Language Serviceは、言語のセマンティクスとソースコードの分析に基づいて、賢いコード補完を提供するものです。Language Serviceが補完候補を知っている場合は、IntelliSenseの候補が入力時に表示されます。文字を入力し続けると、メンバーリスト（変数、メソッドなど）は、入力した文字を含むメンバーのみがフィルタリングされます。Tab または Enter を押すと、選択したメンバーが挿入されます。

関数を入力したあと、パラメーター情報が表示されます。TypeScriptの場合、定義に型を含んでいなかったとしても、推論される型が表示されます。

```
                    function price(amount: any): number
const demand = '¥' + taxed(price(1000))
```

▶図1-1-2　IntelliSense

推論される型は、メンバーにマウスオーバーすることで確認できます。図1-1-3は、**demand**にマウスオーバーしたときの挙動です。

```
    const demand: string
const demand = '¥' + taxed(price(1000))
```

▶図1-1-3　demandにマウスオーバー

型定義に問題がある場合、該当箇所が波線で警告されます。図1-1-4は、「number型であるべき定義がstring型になっている」ため、警告が表示されています。

```
fu 型 'string' を型 'number' に割り当てることはできません。 ts(2322)
  return '¥' + fee(amount)
}
```

▶図1-1-4　型定義の警告

■コードジャンプ

型が定義されている場所にコードジャンプできます。Macであれば[Option]、Windowsであれば[Ctrl]を押下しながらメンバーにマウスオーバーすると、アンダーラインが表示されます。その状態でクリックすると、定義部分にジャンプできます。

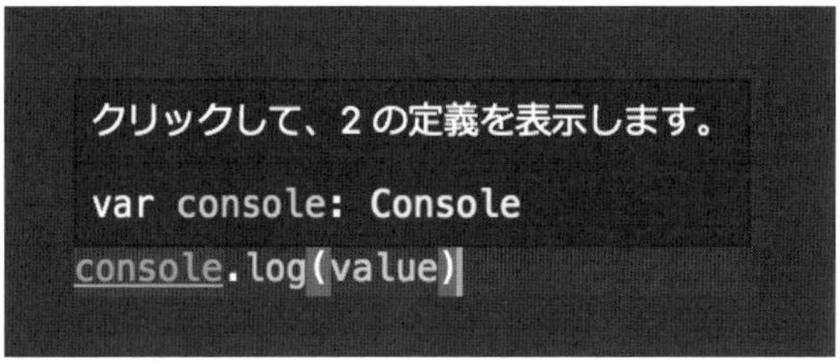

```
クリックして、2 の定義を表示します。
var console: Console
console.log(value)
```

▶図1-1-5　コードジャンプ

関数定義へのジャンプも可能です。

```
クリックして、2 の定義を表示します。
(method) Console.log(message?: any, ...optionalParams: any[]): void
 (+1 overload)
Prints to stdout with newline.
console.log(value)
```

▶図1-1-6　関数定義へのジャンプ

IntelliSenseについての詳しい情報は、公式ドキュメントを参照してください。

- **Types of completions - IntelliSense**
  https://code.visualstudio.com/docs/editor/intellisense#_types-of-completions

■VS CodeのTypeScript対応

VS Codeには、その時点で最新の安定バージョンの「TypeScript Language Service」が付属しています。TypeScriptファイルを表示すると、アクティブバージョンのTypeScript Language Serviceがステータスバーに表示されます。ワークスペースに指定がない場合、デフォルトで最新の安定版が常に適用されます。

▶図1-1-7　TypeScript Language Service

別のバージョンのTypeScript Language Serviceを使用するには、ユーザー設定で**tsserver.js**ファイルを含むディレクトリを**typescript.tsdk**に設定します。TypeScriptのインストール場所は、「**npm list -g typescript**」で確認できます。**tsserver.js**ファイルは、通常は**lib**ディレクトリにあります。

▶リスト1-1-1　typescript.tsdkの設定

```
{
  "typescript.tsdk": "/usr/local/lib/node_modules/typescript/lib"
}
```

tsserver.jsファイルのディレクトリを指す**typescript.tsdk**ワークスペース設定を追加して、特定のワークスペースにTypeScriptの特定のバージョンを構成することもできます。

▶リスト1-1-2　特定バージョンのTypeScriptのための設定

```
{
  "typescript.tsdk": "./node_modules/typescript/lib"
}
```

ワークスペースに特定のTypeScriptバージョンがある場合は、ワークスペースでTypeScriptファイルを開き、図1-1-7で示したステータスバーの「TypeScript バージョン番号」の部分をクリックすることで、ワークスペースバージョンとVS Codeがデフォルトで使用するバージョンの切り替えが可能です。図1-1-8のように、どのバージョンを使用するかを確認するメッセージボックスが表示され、安定版よりも新しいTypeScriptバージョンを利用することも可能です。

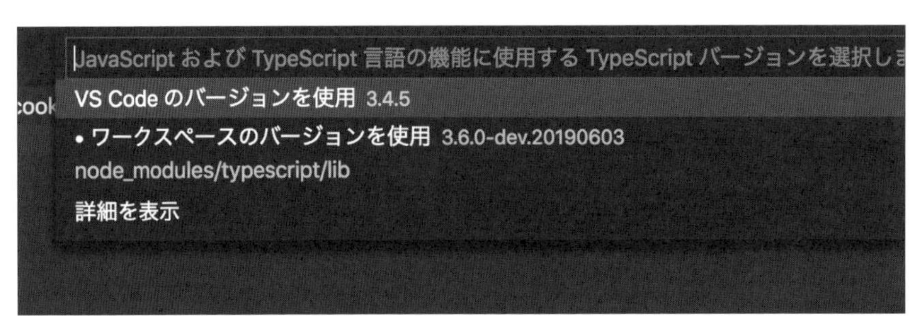

▶図1-1-8　TypeScriptバージョンの選択

■最新版のTypeScriptをVS Codeで使う

安定版よりも新しいバージョンのTypeScriptを利用するには、ワークスペースルートで`package.json`を作成して、「`npm i typescript@next`」を実行します。このコマンドで、Nightly BuildバージョンのTypeScriptを試せます。

Nightly Buildは、TypeScriptのマスターブランチから公開されるバージョンであり、リリース前の機能を試すことができます。新機能はマスターブランチにマージされていても、リリース前に機能変更が発生したり、不具合が残っていたりする場合があります。したがって、最新機能を確認する用途以外、たとえば本番環境での利用などは避けるようにしましょう。

1-2 tscコマンドではじめよう

はじめに、システムにTypeScriptをglobalインストールします。Node.jsが必要なので、あらかじめインストールしておきます。次のようにしてTypeScriptをインストールすると、**tsc**コマンドが利用できるようになります。

▶コマンド1-2-1　TypeScriptのインストール

```
$ npm install -g typescript
```

tsconfig.jsonを置いたディレクトリが、TypeScriptプロジェクトのルートとなります。利用できるようになった**tsc**コマンドで、次のようにして**tsconfig.json**の雛形を作成します。

▶コマンド1-2-2　tsconfig.jsonの雛形を作成

```
$ tsc --init
```

tsconfig.jsonは、TypeScriptコンパイラーの設定ファイルです。作成された**tsconfig.json**には、リスト1-2-1のような初期値が設定されています。

▶リスト1-2-1　tsconfig.jsonの初期値

```
{
  "compilerOptions": {
    "target": "es5",
    "module": "commonjs",
    "strict": true,
    "esModuleInterop": true
  }
}
```

これら以外にも、**compilerOptions**の設定が多数コメントアウトで表記されていますが、まずはこの初期設定を利用してTypeScriptプロジェクトがどのようにJavaScriptファイルにビルドされるのかを確認してみましょう。

1-2-1 target/moduleとは？

初期状態の**tsconfig.json**を生成したら、同じディレクトリにリスト1-2-2のようなファイルを作成します。TypeScriptのファイルは、拡張子として「**.ts**」を付けます。

▶リスト1-2-2　test.ts

```
export function test() {
  return 'test'
}
```

次に、**tsc**コマンドを実行します。これによって、TypeScriptファイルがJavaScriptにビルドされます。

▶コマンド1-2-3　tscコマンドの実行

```
$ tsc
```

ビルドされたJavaScriptファイルは、リスト1-2-3のような出力となります。CommonJS形式のモジュールとしてビルドされていることがわかります。

▶リスト1-2-3　test.js

```
use strict;
Object.defineProperty(exports, "__esModule", { value: true });
function test() {
    return 'test';
}
exports.test = test;
```

これは、**tsconfig.json**に記されている**target/module**の指定に沿った出力結果です。該当箇所を変更し、再度**tsc**コマンドを実行すると、出力内容が変わります。

リスト1-2-4は、**target**を**es2015**に、**module**を**amd**に設定した場合の変換出力結果です。

▶リスト1-2-4　test.js（targetをes2015に、moduleをamdに設定）

```
define(["require", "exports"], function (require, exports) {
    "use strict";
    Object.defineProperty(exports, "__esModule", { value: true });
    function test() {
        return 'test';
    }
    exports.test = test;
});
```

リスト1-2-5は、**target**を**esnext**に、**module**を**esnext**に設定した場合の変換出力結果です。

▶リスト1-2-5　test.js（targetをesnextに、moduleをesnextに設定）

```
export function test() {
  return 'test'
}
```

ビルドによって生成されたJavaScriptが実行環境に適切な出力になるように、**target/module**を変更します。

1-2-2 strictとは？

初期状態の**tsconfig.json**のままで、先ほどの**test.ts**をリスト1-2-6のように変更します。

▶リスト1-2-6　変更したtest.ts

```
export function test(arg) {
  return arg
}
```

同様に、**tsc**コマンドを実行します。すると、次のようにエラーが発生してビルドに失敗します。

▶コマンド1-2-4

```
$ tsc
test.ts:1:22 - error TS7006: Parameter 'arg' implicitly has an 'any' type.

1 export function test(arg) {
                       ~~~
```

実は、ビルド前のエディターでも同様の警告が出ています。これは「暗黙的なany型はNG」という警告です。リスト1-2-7のように、該当箇所に「**: any**」を付与すると、ビルドは成功します。

▶リスト1-2-7　再度変更したtest.ts

```
export function test(arg: any) {
  return arg
}
```

この挙動は、初期状態の**tsconfig.json**で「**strict: true**」と指定されていたことによる結果です。「**strict: true**」は、型の厳密さを一括して指定しています。初期設定のままでは厳しすぎて、プロジェクトに適合しないなどの場合、この設定を調整します。なお、「**strict: true**」で一括で有効になるのは、次の指定です。

- noImplicitAny
- noImplicitThis
- alwaysStrict
- strictBindCallApply
- strictNullChecks
- strictFunctionTypes
- strictPropertyInitialization

1-2-3　型チェックの厳密さを弱くする

では、先ほどの**test.ts**を元に戻します。

▶リスト1-2-8　test.tsを元に戻す

```
export function test(arg) {
  return arg
}
```

次に、**tsconfig.json**の**noImplicitAny**を**false**にします。

▶リスト1-2-9　tsconfig.jsonを変更する

```
{
  "compilerOptions": {
    "target": "es5",
    "module": "commonjs",
    "strict": true,
    "esModuleInterop": true,
    "noImplicitAny": false
  }
}
```

これによって、「**: any**」を付与しなくてもエラーが発生しなくなります。

先に述べたように、「**strit: true**」によって「厳密な型指定」が一括でオンになりますが、このように個別に指定すれば打ち消すことができます。

■strictNullChecks

次のコードでは「型'"string"'を型'null'に割り当てることはできません。」というエラーが発生します。「**strit: true**」が指定されていることにより、**strictNullChecks**が有効になっているためです。

▶リスト1-2-10　test.ts

```
let nullAble = null // let nullAble: null
nullAble = 'string'
```

nullAbleは、宣言時に**null**が代入されているため、null型として推論されます。そのため、**null**以外の値を再代入しようとすると、エラーになります。この指定をオフにしてみます。

▶リスト1-2-11　tsconfig.json

```
{
  "compilerOptions": {
    ...,
    "strictNullChecks": false
  }
}
```

このようにすると、エラーはなくなり、型推論の結果が変わります。ただし、このエラーを回避するためだけに「**"strictNullChecks": false**」を設定してはいけません。TypeScriptを利用する目的の1つに「nullかもしれない値を安全に扱う」ことが挙げられます。これでは、この恩恵を受けることができません。

Column 一型チェックの厳密さを弱めるシーン

型チェックの厳密さを弱める設定は、既存のJavaScriptプロジェクトを段階的にTypeScriptに移行する際に有効活用できます。ゼロからTypeScriptで開発できるのであれば、初めから「**strict: true**」にしておくことで、より型の恩恵を受けるコードになるでしょう。

1-2-4 出力先を指定する

tsconfig.jsonが置かれたTypeScriptプロジェクトでは、特に何も指定しないと、そのディレクトリ以下のすべての対象ファイルがビルドされます。また、出力される場所も、プロジェクトルートです。この挙動を変更してみましょう。

まずは、プロジェクトを次のように構成します。

```
├──── src
│     ├──── sample.ts
│     └──── test.ts
└──── tsconfig.json
```

srcディレクトリにあるTypeScriptファイルをビルドして**dist**というディレクトリに出力するためには、**tsconfig.json**を次のように修正します。**compilerOptions.outDir**と**include**が追加項目です。

▶リスト1-2-12　tsconfig.jsonの変更点

```
{
  "compilerOptions": {
    "target": "es5",
    "module": "commonjs",
    "strict": true,
    "esModuleInterop": true,
    "outDir": "dist"
  },
  "include": [
    "src/**/*"
  ]
}
```

tscコマンドを実行します。

▶コマンド1-2-5　tscコマンドの実行

```
$ tsc
```

次のように、**dist**ディレクトリが作成され、**tsconfig.json**に沿った出力となることを確認できます。

```
├──── dist
│     ├──── sample.js
│     └──── test.js
├──── src
│     ├──── sample.ts
│     └──── test.ts
└──── tsconfig.json
```

1-2-5 型宣言ファイルを出力する

TypeScriptでは、関数定義などの型を通達するために、型宣言ファイル（**.d.ts**）を利用できます。**tsc**コマンドでは、実装定義ファイルから出力することが可能です。

まずは、先ほどの**test.ts**をリスト1-2-13のように変更します。

▶リスト1-2-13　変更したtest.ts

```
export function test1() {
  return 'test1'
}
export function test2() {
  return { value: 'test2' }
}
```

次に、**tsconfig.json**の**declaration**を**true**にします。

▶リスト1-2-14　tsconfig.jsonの変更点

```
{
  "compilerOptions": {
    ...,
    "declaration": true
  }
}
```

tscコマンドを実行すると、**test.js**のほかに**test.d.ts**が出力されています。ここではリソースの**test.ts**に型を宣言していませんが、推論される型が出力に反映されていることがわかります。

▶リスト1-2-15　出力されたtest.d.ts

```
export declare function test1(): string;
export declare function test2(): {
    value: string;
};
```

Column ―declarationを有効にするシーン

ライブラリを開発するシーンなど、**.d.ts**ファイルは**ライブラリを利用する側**に型を通達します。通常の開発では有効にする必要はありません。ただし、あとで解説する「Project References」を利用する場合は、declarationを有効にする必要があります。

1-2-6 JavaScriptファイルをビルドに含む

TypeScriptプロジェクトでは、JavaScriptファイルをビルドに含むことができます。それにより、型定義のないJavaScriptファイルでも、可能な限り「型推論」が有効になります。

まずは、JavaScriptファイルをインポートするために、JavaScriptファイルを定義します。

▶リスト1-2-16　sample.js

```
export let sampleText = 'sampleText'
export function sampleFunction() {
  return true
}
```

次に、先ほどの**test.ts**を変更します。

▶リスト1-2-17　変更したtest.ts

```
import { sampleText, sampleFunction } from './sample'
const a = sampleFunction()
const b = sampleText
```

このままではビルドができないため、**tsconfig.json**の**allowJs**と**checkJs**を**true**に設定します。

▶リスト1-2-18　変更したtsconfig.json

```
{
  "compilerOptions": {
    ...,
    "allowJs": true,
    "checkJs": true
  }
}
```

この設定の追加により、JavaScriptファイルをビルドに含むことが可能になります。

VS Code上では即座にエラーが解消され、定義した関数・変数の型が推論されます。

▶リスト1-2-19　型推論が適用されたtest.ts

```
import { sampleText, sampleFunction } from './sample'
const a = sampleFunction() // const a: boolean
const b = sampleText       // const b: string
```

Column —allowJs / checkJsを有効にするシーン

ゼロからTypeScriptで開発する場合、**allowJs**や**checkJs**は無効のままで問題ありません。

JavaScriptファイルでも「型推論」は利用できますが、TypeScriptを導入するのであれば、より厳格な型チェックの恩恵を受けることができる「**.ts**」や「**.tsx**」で開発するべきです。段階的に既存のJavaScriptプロジェクトをTypeScriptに移行したい場合などに、この設定を活用するとよいでしょう。

1-2-7 ライブラリの型定義を利用する

npmで配信されているライブラリには、TypeScriptの型定義が存在するものとしないものがあります。ライブラリによっては、型定義ファイルが「DefinitelyTyped」で配信されているものもあります。

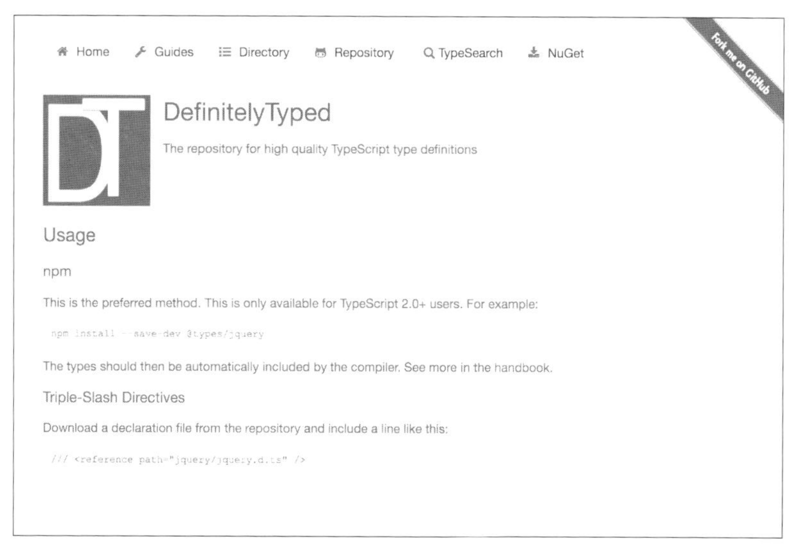

▶図1-2-1 DefinitelyTyped (http://definitelytyped.org/)

DefinitelyTypedでは、**@types**で始まるパッケージが該当し、多くのライブラリの型定義が配信されています。たとえば、lodashの型定義は**@types/lodash**として型定義が個別に配信されています。

■@types / typeRoots / types

デフォルトでは、**node_modules/@types**に含まれる全パッケージがコンパイル対象と見なされます。**typeRoots**が指定されている場合は、**typeRoots**ディレクトリ以下に含まれるパッケージのみが対象になります。

▶リスト1-2-20　tsconfig.jsonによるtypeRootsの指定

```
{
  "compilerOptions": {
    "typeRoots" : ["./typings"]
  }
}
```

typesが指定されている場合、リストされているパッケージのみが含まれます。

▶リスト1-2-21　tsconfig.jsonによるtypesの指定

```
{
  "compilerOptions": {
    "types" : ["node", "lodash", "express"]
  }
}
```

この**tsconfig.json**ファイルには、**./node_modules/@types/node**、**./node_modules/@types/lodash**、および**./node_modules/@types/express**のみが含まれます。**node_modules/@types/***以下にあるほかのパッケージは含まれません。

1-2-8 Build Mode

TypeScript 3.0では、ビルドを高速化するために、**tsc**コマンドに**references**と連携して機能する**--build**フラグが導入されました（**-b**として省略可）。**tsconfig.json**という名称で設定ファイルが配備されている場合、「**tsc -b src test**」のように、複数の設定ファイルパスを指定できます。

▶コマンド1-2-6　カレントディレクトリのtsconfig.jsonを参照

```
$ tsc -b
```

▶コマンド1-2-7　src/tsconfig.jsonを参照する

```
$ tsc -b src
```

▶コマンド1-2-8　src/tsconfig.client.jsonを参照する

```
$ tsc -b src/tsconfig.client.json
```

コマンドラインで渡したファイルの順番を気にする必要はありません。依存関係が常に最初に構築されるように、必要に応じて**tsc**コマンドがそれらを並べ替えます。

▶表1-2-1 「tsc -b」のオプション

オプション	概要
--verbose	ビルド時の詳細ログを出力する（ほかのフラグとの組み合わせも可能）
--dry	ビルドは行うが、実際には何も出力しない
--clean	指定したプロジェクトの出力を削除する（--dryとの組み合わせも可能）
--force	ビルド時に関連しないファイルもビルドを行う
--watch	関連ファイルを監視し、ファイル変更時にビルドを行う

1-3 各種ビルドツールと設定

ここまでの解説では、`tsc`コマンドを使ってビルドを行ってきました。しかし、実際にアプリケーションを開発する際、`tsc`コマンドを直接利用することはあまりありません。

TypeScriptの公式ドキュメントでは、フロントエンド開発でよく使われている「Grunt」※1「Gulp」※2「webpack」※3などのビルドツール（タスクランナー）が紹介されています※4。

1-3-1 webpackによるビルド

`ts-loader`または`awesome-typescript-loader`を経由し、webpack-dev-serverなどで定常開発を行うことが主流です。

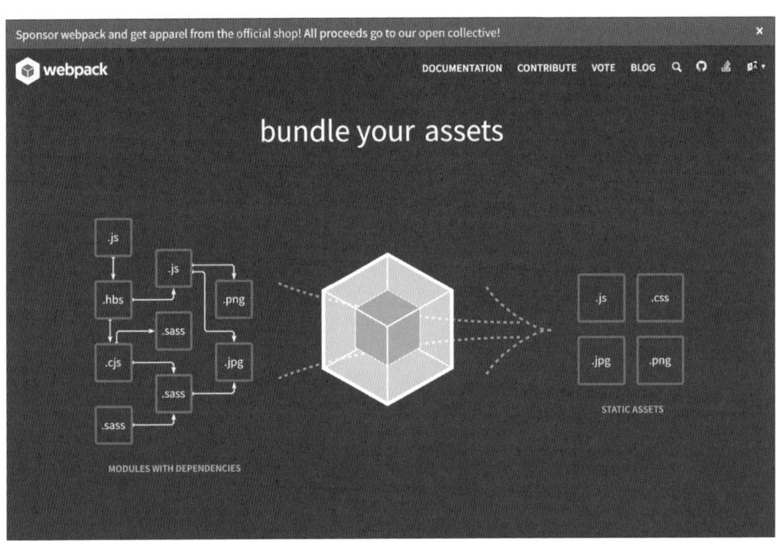

▶図1-3-1　webpack（https://webpack.js.org/）

※1　https://gruntjs.com/
※2　https://gulpjs.com/
※3　https://webpack.js.org/
※4　https://www.typescriptlang.org/docs/handbook/integrating-with-build-tools.html

1-3-2　CLIツールによるビルド

Vue CLIやCreate React AppなどのCLIツールを利用すると、バンドラー（webpack）が隠蔽された状態の開発環境が提供されます。ここでは詳細は解説しませんが、いずれも`cli`コマンドにより生成される雛形で、すぐに開発をはじめることができます。TypeScriptプロジェクトに必要な`tsconfig.json`なども、初めから雛形に含まれています。

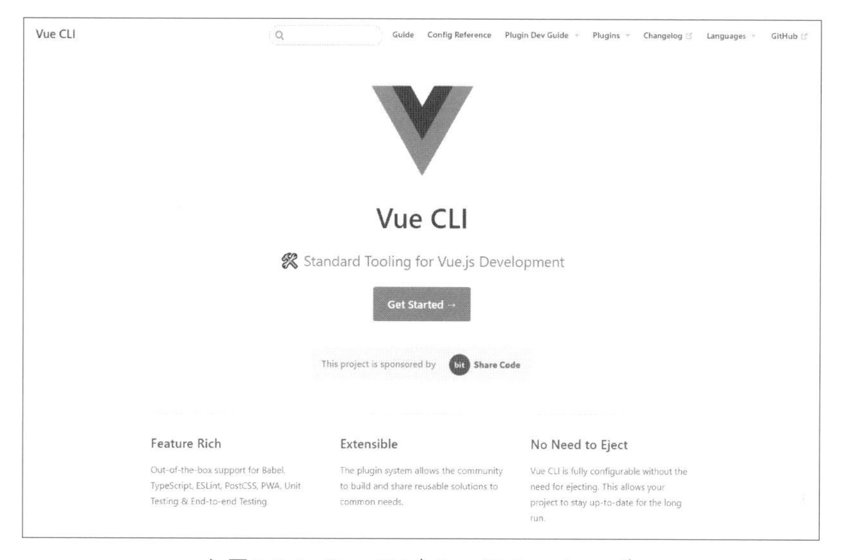

▶図1-3-2　Vue CLI（https://cli.vuejs.org/）

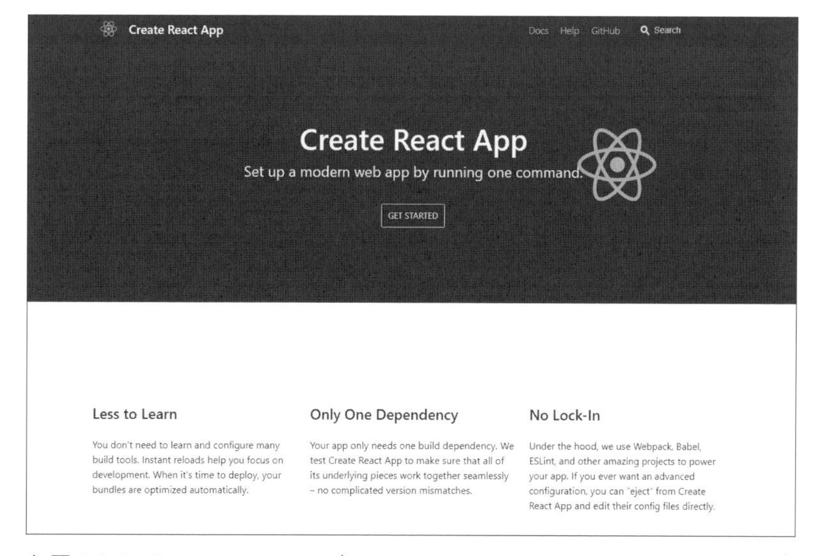

▶図1-3-3　Create React App（https://facebook.github.io/create-react-app/）

1-3-3 Parcelによるビルド

Parcelを利用すると「Zero Config」でTypeScriptの開発を行えます。HTMLファイルのscript要素のsrc属性にエントリーポイントを指定するだけです。静的なランディングページなどを開発する場合は、Parcelで必要十分でしょう。

▶図1-3-4　parcel（https://parceljs.org/）

1-3-4 tsconfig.json詳細

TypeScriptプロジェクトのルートは、該当するディレクトリに**`tsconfig.json`**を置くことで示されます。**`tsconfig.json`**のトップレベルプロパティは、表1-3-1のとおりです。

▶表1-3-1　tsconfig.jsonのトップレベルプロパティ

プロパティ	概要
`exclude`	ビルドから除外するファイルを指定する
`include`	ビルドに含むファイルを指定する。excludeよりも弱い指定
`files`	ビルドに含むファイルを指定する。excludeよりも強い指定
`extends`	tsconfigの継承を指定する
`references`	参照プロジェクトに関する指定を行う
`compilerOptions`	ビルドに関連する設定を記述する
`compileOnSave`	ファイル保存時にビルドを行う

■includeプロパティとexcludeプロパティ

includeを使用してインクルードされたファイルは、**exclude**プロパティを使用してフィルタリングできます。

ただし、**files**プロパティを使用して明示的にインクルードされたファイルは、**exclude**に関係なく常にインクルードされます。**exclude**プロパティは、デフォルトで**node_modules**、**bower_components**、**jspm_packages**および**outDir**で指定されたディレクトリを除外します。

▶リスト1-3-1 includeプロパティとexcludeプロパティの指定

```
{
  "compilerOptions": {
    "target": "es5",
    "module": "commonjs",
    "strict": true,
    "esModuleInterop": true
  },
  "include": [
    "src/**/*"
  ],
  "exclude": [
    "node_modules",
    "**/*.test.ts"
  ]
}
```

■filesプロパティ

filesプロパティは、globのような相対または絶対ファイルパスのファイルパターンのリストを取ります。サポートされているglobワイルドカードは次のとおりです。

- *****：ゼロ個以上の文字に一致する（ディレクトリー区切り文字を除く）
- **?**：任意の1文字に一致する（ディレクトリー区切り文字を除く）
- ****/**：任意のサブディレクトリに再帰的に一致する

globパターンのセグメントに*****または**.***のみが含まれている場合は、サポートされている拡張子を持つファイルのみが含まれます（**.ts**、**.tsx**、**.d.ts**）。

また、**files**と**include**の両方を指定しないと、**exclude**プロパティを使用して除外された以外のすべてのTypeScriptファイル（**.ts**、**.tsx**、**.d.ts**）を含むディレクトリが、デフォルトでサブディレクトリに含まれます。**allowJs**が**true**に設定されている場合は、JavaScriptファイル（**.js**および**.jsx**）も含まれます。

▶リスト1-3-2　filesプロパティの指定

```
{
  "compilerOptions": {
    "target": "es5",
    "module": "commonjs",
    "strict": true,
    "esModuleInterop": true
  },
  "files": [
    "a.ts",
    "path/to/b.ts"
    "dirs/**/*"
  ]
}
```

■extendsプロパティ

tsconfig.jsonファイルでは、**extends**プロパティを使用すると、別のファイルから構成を継承できます。**extends**プロパティの値は、継承元の別の設定ファイルへのパスを含む文字列です。

▶リスト1-3-3　継承元（tsconfig.base.json）

```
{
  "compilerOptions": {
    "noImplicitAny": true,
    "strictNullChecks": true
  }
}
```

▶リスト1-3-4　extendsプロパティの指定

```
{
  "extends": "./tsconfig.base",
  "compilerOptions": {
    "jsx": "react"
  }
}
```

基底ファイルからの構成が最初にロードされ、次に継承設定ファイル内の構成によってオーバーライドされます。ファイル、継承設定ファイルへの包含、および継承設定ファイルからの除外は、基底ファイルからのファイルを上書きします。

■Project References

「**Project References**」は、TypeScript 3.0で追加された機能です。同リポジトリで、TypeScriptプロジェクトを細かく分割できます。そのため、Monorepoに適した編成を構築できます。**references**というトップレベルプロパティに対して、参照するプロジェクトを指定するオブジェクト配列で指定します。

▶リスト1-3-5　referencesプロパティの指定

```
{
  "references": [
    { "path": "../src" }
  ]
}
```

pathプロパティは、**tsconfig.json**ファイルを含むディレクトリ、または**config**ファイルパスを指定します。

- 参照プロジェクトからモジュールをインポートすると、代わりにその出力宣言ファイル（**.d.ts**）がロードされる
- 参照されているプロジェクトが**outFile**を生成した場合、出力ファイル**.d.ts**ファイルの宣言は、このプロジェクトに反映される
- Build Modeは、必要に応じて参照プロジェクトを自動的にビルドする

Column ― compilerOptions.composite

参照プロジェクトでは、**compilerOptions.composite**フラグを**true**にする必要があります。 この設定は、TypeScriptが参照先プロジェクトの出力場所を迅速に決定するために必要です。**composite**フラグを**true**にすると、次のようなことが変わります。

- 明示的に設定されていない場合、**rootDir**設定は、デフォルトで**tsconfig**ファイルを含むディレクトリになる
- すべての実装ファイルは、**include**と一致するか、**files**にリストされている必要がある
- **declaration**を**true**にする必要がある

1-3-5 Compiler Options詳細

tsconfig.jsonのトップレベルプロパティである**compilerOptions**には、多くの設定項目が含まれています。「**tsc --init**」で生成される**tsconfig.json**は、表1-3-2のような大項目に分かれています（プロパティは**compilerOptions**のものです）。

▶表1-3-2　compilerOptionsプロパティの設定項目

大項目	概要
Basic Options	TypeScriptビルドに必要となる基本的な設定項目
Strict Type-CheckingOptions	厳密な型チェックオプションの設定項目
Additional Checks	「strict: true」にはない、より厳密な型チェックを行う設定項目
Module Resolution Options	モジュールの参照を解決する設定項目
Source Map Options	sourceMapに関する指定をする設定項目
Experimental Options	実験的なサポートオプションの設定項目

■Basic Options

TypeScriptをビルドする際に必要となる基本的な設定項目です。

▶表1-3-3　Basic Optionsの詳細

名称	型	初期値	詳細
target	string	es3	「ECMAScript target version」を指定する。「es3」「es5」「es2015」「es2016」「es2017」「es2018」「esnext」が指定可能
module	string	commonjs	生成される「module code」を指定する。「none」「commonjs」「amd」「system」「umd」「es2015」「esnext」を指定可能
lib|string[]	―	―	ビルドに含めるライブラリファイルのリスト。指定可能な値としては「ES2015」「ES2016」「ES2017」「ES2018」「ESNext」「DOM」などが代表的。指定されていない場合は、デフォルトのライブラリリストが挿入される
allowJs	boolean	false	JavaScriptファイルをビルドできるようにする
checkJs	boolean	false	.jsファイルのエラーを報告する。「allowJs」に「true」を指定して使用する
jsx	string	preserve	.tsxファイルでJSXをサポートするかを指定する。「preserve」「react-native」「react」が指定可能
jsxFactory	string	React.createElement	reactのJSXを対象としているときに使用するJSXファクトリ関数を指定する。たとえば、React以外でJSXを利用する場合に「h」などを指定する
declaration	boolean	false	対応する「.d.ts」ファイルを生成する
declarationMap	boolean	false	対応する各「.d.ts」ファイルのソースマップを生成する
sourceMap	boolean	false	対応する「.map」ファイルを生成する

outFile	string	—	出力を連結して単一のファイルに出力する
outDir	string	—	出力構造をディレクトリにリダイレクトする
rootDir	string	—	入力ファイルのルートディレクトリを指定する。「outDir」で出力ディレクトリ構造を制御するために使用する
composite	boolean	false	TypeScript 3.0で追加された参照プロジェクトで、プロジェクトのビルドを有効にする
removeComments	boolean	false	「/*」で始まるコピーライトヘッダのコメントを除く、すべてのコメントを削除する
noEmit	boolean	false	出力しないことを指定する
importHelpers	boolean	false	「tslib」をヘルパーとして使用するように設定する
downlevelIteration	boolean	false	targetが「ES5」または「ES3」のとき、Generators・Iteration・spread構文の「downpile」をサポートする
isolatedModules	boolean	false	各ファイルを別々のモジュールとして変換する（「ts.transpileModule」と同様）

■Strict Type-Checkingオプション

厳密な型チェックを行う設定項目です。

▶表1-3-4　Strict Type-Checkingオプションの詳細

名称	型	初期値	詳細
strict	boolean	false	厳密な型チェックオプションをすべて有効にする
noImplicitAny	boolean	false	暗黙のany型を持つ式や宣言でエラーを起こす
strictNullChecks	boolean	false	厳密なnullチェックを有効にする
strictFunctionTypes	boolean	false	関数型の厳密なチェックを有効にする
strictPropertyInitialization	boolean	false	クラスのプロパティ初期化の厳密なチェックを有効にする
noImplicitThis	boolean	false	暗黙のうちのany型でthis式のエラーを発生させる
alwaysStrict	boolean	false	厳密モードで解析し、各ソースファイルに対して「use strict」を発行する

■Additional Checks

「**strict: true**」にはない、より厳密な型チェックを行う設定項目です。

▶表1-3-5　Additional Checksの詳細

名称	型	初期値	詳細
noUnusedLocals	boolean	false	未使用のlocal変数に関するエラーを報告する
noUnusedParameters	boolean	false	未使用のパラメーターに関するエラーを報告する
noImplicitReturns	boolean	false	関数内のすべてのコードパスが値を返さない場合にエラーを報告する
noFallthroughCasesInSwitch	boolean	false	switchステートメントでフォールスルーケースのエラーを報告する

■Module Resolutionオプション

モジュールの参照を解決する設定項目です。

▶表1-3-6　Module Resolutionオプションの詳細

名称	型	初期値	詳細
moduleResolution	string	module === "amd" or "system" or "es6" ? "classic" : "node"	モジュール解決方法を指定する。「node」または「classic」
baseUrl	string	―	非相対モジュール名を解決するためのベースディレクトリ
paths	Object	―	baseUrlを基準とした検索位置にインポートを再マッピングするエントリーのパスのリスト
rootDirs	string[]	―	結合コンテンツが実行時のプロジェクトの構造を表すルートディレクトリのリスト
typeRoots	string[]	―	型定義を含めるディレクトリのリスト
types	string[]	―	ビルドに含める宣言ファイルを入力する
allowSyntheticDefaultImports	boolean	module === system または --esModuleInterop	デフォルトのエクスポートなしでモジュールからのデフォルトのインポートを許可する。コード出力には影響せず、型チェックだけを行う
esModuleInterop	boolean	false	すべてのインポート用のネームスペースオブジェクトを作成することにより、CommonJSとESモジュール間の相互運用性を有効にするallowSyntheticDefaultImportsを指定したときと同等
preserveSymlinks	boolean	false	シンボリックリンク元を起点とした相対パスではなく、シンボリックリンクが置かれている場所からの相対パスとする

Source Mapオプション

`sourceMap`に関する指定を行う設定項目です。

▶表1-3-7 Source Mapオプションの詳細

名称	型	初期値	詳細
sourceRoot	string	ー	ソースの場所ではなく、デバッガがTypeScriptファイルを検索する場所を指定する
mapRoot	string	ー	生成された場所ではなく、デバッガがマップファイルを検索する場所を指定する
inlineSourceMap	boolean	false	別のファイルを用意するのではなく、ソースマップを含む単一のファイルを作成する
inlineSources	boolean	false	単一ファイル内のソースマップと一緒にソースを発行する。--inlineSourceMapまたは--sourceMapを設定する必要がある

Experimentalオプション

実験的なサポートオプションの設定項目です。TypeScriptには、デコレーターを持つ宣言に対して特定の種類のメタデータを発行するためのサポートが含まれています。

▶表1-3-8 Experimentalオプションの詳細

名称	型	初期値	詳細
experimentalDecorators	boolean	false	実験的な機能である「ES7 decorators」のサポートを有効にする
emitDecoratorMetadata	boolean	false	実験的な機能である「emitting type metadata for decorators」のサポートを有効にする

第2章

TypeScriptの基礎

本章では、TypeScriptのもっとも基本的な用語の呼称・利用方法について解説します。ここで紹介する型のいくつかは、TypeScript公式ドキュメントでは「Advanced」と称される高度なものも含まれています。しかし、これらの知識は、TypeScriptならではの機能を活かすために押さえておきたい必要不可欠な知識です。しっかり理解しておくことで、本書の理解がより深まるはずです。

2-1 意図しないNaNを防ぐ

「**NaN**」とは、「**Not-a-Number**」の略で、JavaScriptにおける「非数」（数字ではないもの）を表す特別な値です。一般には、異常な値や定義されていない演算の結果などとして使われます。プログラミングにおいて、複数の関数を組み合わせて演算を行うことがよくあります。そんな場合に、意図せずNaNになってしまうような関数が紛れ込んでいると、バグの発見が難しくなります。

2-1-1 JavaScriptの課題その1

リスト2-1-1は、引数に数値として扱うことのできない値を渡してしまったことにより、「**NaN**」が表示されてしまうという失敗例です。引数は「数値」である必要があり、それ以外を許容しないようにしなければなりません。

▶ リスト2-1-1　example.js

```
function expo2(amount) {
  return amount ** 2
}
const value = expo2('1,000')
const withTax = value * 1.1 // NaN
```

■TypeScriptの解決：引数を型注釈で制約する

このような場合、引数に型注釈（アノテーション）を付与し、明示的に型を制約します。関数利用時に型不整合がある場合、コンパイルエラー[※1]を得ることができます。コンパイルエラーを得やすいコードほど厳格性が高まるため、バグを含みにくくなります。

▶ リスト2-1-2　example.ts

```
function expo2(amount: number) {
  return amount ** 2
}
console.log(expo2(1000))
console.log(expo2('1,000')) // Error!
```

※1　実行前に検知できるエラー。TypeScriptをビルドするときやエディターで気づくことができる。

Column —文字列の暗黙的な数値変換

困ったことに、JavaScriptでは次のコードは問題になりません。文字列であっても数値として扱える場合には、暗黙的に数値に変換してしまうためです。この曖昧な挙動がバグの温床になり、開発者を悩ませてきました。

▶example.js

```
function expo2(amount) {
  return amount ** 2
}
const value = expo2('1000') // 1000000
const withTax = value * 1.1
```

2-1-2 JavaScriptの課題その2

リスト2-1-3は、原価に手数料を加え、請求額を求めようとしたコードの失敗例です。請求額計算の途中、数値が文字列に変換されてしまったことがバグの原因です。

▶リスト2-1-3　example.js

```
function taxed(amount) {
  return amount * 1.1
}
function fee(amount) {
  return `{amount * 1.4}`
}
function price(amount) {
  return `${fee(amount)}`
}

const demand = '¥' + taxed(price(1000)) //  ¥NaN
```

■TypeScriptの解決：戻り値を型注釈で制約する

関数戻り値に型注釈（アノテーション）を付与し、明示的に戻り型を制約します。型注釈と定義内容に型不整合がある場合、コンパイルエラーを得ることができます。

▶リスト2-1-4　example.ts

```
function taxed(amount): number {
  return amount * 1.1
}
function fee(amount): number {
  return amount * 1.4
```

```
}
function price(amount): number {
  return `${fee(amount)}` // Error! !
}
```

リスト2-1-4では、**tsconfig.json**で「**"noImplicitAny": false**」としていることが前提になっています。引数の型注釈をあえて付与しない方法で解説していますが、関数定義には**引数の型注釈はすべて付与することが望ましい**です。

Column ―関数の戻り型注釈はすべて必要？

戻り型注釈は**すべての関数に付与する必要はありません**。TypeScriptは型推論に優れており、注釈をあえて記述しないほうがよい場合もあります。どのような関数に付与すべきで、どのような関数では必要ないのかについては、随時解説していきます。

2-2 基本の型

ここでは、もっとも単純なデータ単位を処理するための基本型について解説していきます。TypeScriptでは、JavaScriptで期待されるのとほぼ同じ型をサポートしています。

2-2-1 boolean型

boolean型は、もっとも基本的なデータ型であり、取り得る値は**true**／**false**です。

▶リスト2-2-1　boolean型

```
let flag: boolean = false;
```

2-2-2 number型

JavaScriptと同様に、TypeScriptのすべての数値は浮動小数点値です。TypeScriptは、16進数と10進数のリテラルに加えて、ECMAScript 2015で導入された2進数と8進数のリテラルもサポートしています。

▶リスト2-2-2　number型

```
let decimal: number = 256;
let hex: number = 0xfff;
let binary: number = 0b0000;
let octal: number = 0o123;
```

2-2-3 string型

JavaScriptプログラムでもっとも基本的な処理は、テキストデータを扱うことです。ほかの言語と同様に、文字列を扱うためにstring型を使用します。JavaScriptと同じように、文字列データを二重引用符（"）、一重引用符（'）、またはバッククォート（`）で囲います。

▶リスト2-2-3　string型

```
let color: string = "white";
color = 'black';
let myColor: string = `my color is ${color}`
```

2-2-4 array型

配列型の記述には、2つの方法があります。

1つ目の方法は、要素の型とそれに続くブラケット（**[]**）を使用して、その要素型の配列を示します。

▶リスト2-2-4　array型その1

```
let list: number[] = [1, 2, 3];
```

2つ目の方法は、Array型を利用する方法です。

▶リスト2-2-5　array型その2

```
let list: Array<number> = [1, 2, 3];
```

2-2-5 tuple型

tuple型を使用すると、固定数の要素の型がわかっている配列を表現できますが、同じである必要はありません。たとえば、値を文字列と数字のペアとして表せます。

▶リスト2-2-6　tuple型

```
let x: [string, number];
x = ["hello", 10]; // OK
x = [10, "hello"]; // Error!
```

既知のインテデックスで要素にアクセスすると、正しい型が取得されます。リスト2-2-7は、文字列型の**substr**関数を呼び出しているため、string型ではない「**x[1]**」でエラーとなります。

▶リスト2-2-7　tuple型の推論

```
console.log(x[0].substr(1)); // OK
console.log(x[1].substr(1)); // Error!
```

既知のインデックス以外の要素にアクセスするときは、代わりに「**string | number**」として、string型とnumber型を許容するUnion Typesが使用されます。

▶リスト2-2-8　string | number型

```
x[3] = "world"; // OK
console.log(x[5].toString()); // OK
x[6] = true; // Error!
```

2-2-6 any型

TypeScriptを記述していると、型の不明な変数を扱うことがあります。このような場合には、any型を付与することで特定の値の型チェックを無効にし、コンパイルを通過させます。

any型は、段階的な型チェックを導入するなど、既存のJavaScriptプロジェクトからの移行には有効ですが、TypeScriptの恩恵を受けることができません。したがって、できる限りany型が現れないコードを書き、型安全なプロジェクトを目指します。

▶リスト2-2-9　any型

```
let whatever: any = 0;
whatever = "something";
whatever = false;
```

2-2-7 unknown型

unknown型は、TypeScript 3.0で追加された型です。any型に似ていますが、型安全なanyを表したいときに利用します。リスト2-2-10では、数値型に備わった**toFixed()**関数の実行を試みています。

▶リスト2-2-10　unknown型

```
const certainlyNumbers: number[] = ['0'] // Error!
const maybeNumbers: any[] = ['0']         // OK
const probablyNumbers: unknown[] = ['0'] // OK

certainlyNumbers[0].toFixed(1) // OK
maybeNumbers[0].toFixed(1)      // ② OK
probablyNumbers[0].toFixed(1)  // ① Error!-
```

②がOKになっていますが、このコードはランタイムエラー（実行時エラー）が発生してしまいます。unknown型は値の代入には寛容ですが、値の利用に関しては厳しいため、①のエラーを得ることができています。

2-2-8 void型

void型は、any型の反対のようなもので、型がまったくないことを表します。一般に、値を返さない関数の戻り型として利用します。

▶リスト2-2-11　void型

```
function logger(message: string): void {
  console.log(message);
}
```

void型の変数を宣言しても、**undefined**を代入することしかできないため、役に立ちません。

▶リスト2-2-12　void型が付与された変数は、undefinedしか代入できない

```
let unusable: void = undefined;
```

2-2-9 null型／undefined型

TypeScriptでは、**undefined**と**null**の両方に、それぞれundefined型とnull型という名前の型があります。void型と同じように、単体ではあまり役に立ちません。

▶リスト2-2-13　null型／undefined型

```
let u: undefined = undefined;
let n: null = null;
```

デフォルトでは、**null**および**undefined**はすべての型のサブタイプであり、すべての型に**null**と**undefined**を代入できます。

ただし、**--strictNullChecks**フラグを**true**にすると、**null**および**undefined**は、void型およびそれぞれのタイプのみに割り当て可能です。 これによって、多くの一般的なエラーを回避するのに役立ちます。

2-2-10 never型

never型は、発生し得ない値の型を表します。次の関数は、戻り値を得られないため、戻り型をnever型とできます。

▶リスト2-2-14　never型

```
function error(message: string): never {
  throw new Error(message);
}
function infiniteLoop(): never {
  while (true) {
  }
}
```

2-2-11 object型

object型は、非プリミティブ型を表す型です。つまり、**boolean**、**number**、**string**、**symbol**、**null**、**undefined**のいずれでもありません。また、ブレース（**{}**）を使った型表現では、エラーを得ることができません。

▶リスト2-2-15　object型

```
let objectBrace: {}
let objectType: object

objectBrace = true
objectBrace = 0
objectType = false // Error!
objectType = 1     // Error!
```

2-3 高度な型

2-3-1 Intersection Types

Intersection Types（交差）は、複数の型を1つに結合します。既存の型をまとめて、必要な機能をすべて備えた単一の型を取得できます。記法はリスト2-3-1のとおりで、アンパサンド（&）で型定義を連結します。

▶リスト2-3-1　Intersection Types

```
type Dog = {
  tail: Tail
  bark: () => void
}
type Bird = {
  wing: Wing
  fly: () => void
}
type Kimera = Dog & Bird
```

▶リスト2-3-2　推論結果

```
type Kimera = {
  tail: Tail
  wing: Wing
  bark: () => void
  fly: () => void
}
```

プリミティブ型もIntersection Typesで記述することができますが、役に立ちません。リスト2-3-3のstring & number & boolean型は、never型として解釈されるため、エラーは起こりません。

▶リスト2-3-3　「string & number & boolean」はnever型

```
function returnNever(): never {
  throw new Error()
}
let unexistenceType: string & number & boolean = returnNever()
```

リスト2-3-4ではstring & number型として扱われますが、代入できる値がないため役に立ちません。

▶ リスト2-3-4　string & number型

```
let problematicNumber: string & number = '0' // Error!
```

2-3-2 Union Types

Union Types（共用体）は、複数の型のうちの1つの型が成立することを示しています。リスト2-3-5のような記法で、パイプ（|）で複数型を連結します。複数指定されたいずれかの型に該当しているので、エラーは起こりません。

▶ リスト2-3-5　Union Types

```
let value: boolean | number | string
value = false
value = 1
value = '2'
```

array型に含む要素をUnion Typesにする場合、リスト2-3-6のように、「**number | string**」を**()**で囲って1つの型として表し、続けて**[]**でarray型であることを示します。

▶ リスト2-3-6　Union Types

```
let numberOrStrings: (number | string)[]
numberOrStrings = [0, '1']
numberOrStrings = [0, '1', false] // Error!
```

このUnion Typesを利用して、Nullable（null許容）型を表現できます。

▶ リスト2-3-7　Nullable型

```
let nullableString: string | null
nullableString = null
nullableString = 'notNull'

let nullableStrings: (string | null)[] = []
nullableStrings.push('1')
nullableStrings.push(null)
nullableStrings.push(false) // Error!
```

TypeScriptで型安全を実現するために、Union Typesが重要な役割を果たしています。

2-3-3 Literal Types

■String Literal Types

String Literal Types（文字列リテラル）を使用すると、文字列に必要な正確な値を指定できます。リスト2-3-8では、Taro型を宣言し、**Taro**以外の値を受け付けないことを示しています。また、String Literal Typesはstring型のサブタイプであるため、文字列が持つ関数にアクセスできます。

▶リスト2-3-8　String Literal Types

```
let myName: 'Taro'
myName = 'Taro'       // OK
myName = 'Jiro'       // Error!
myName.toLowerCase() // OK
```

String Literal TypesをUnion Typesと併用することで、定数のように扱えます。「**let users: 'Taro' | 'Jiro' | 'Hanako'**」という宣言をすると、**users**に代入できる値は決定しているため、図2-3-1のようにVS Codeなどのコードエディターではシングルクォート（'）を入力した時点で入力候補がコードヒントで表示されます。

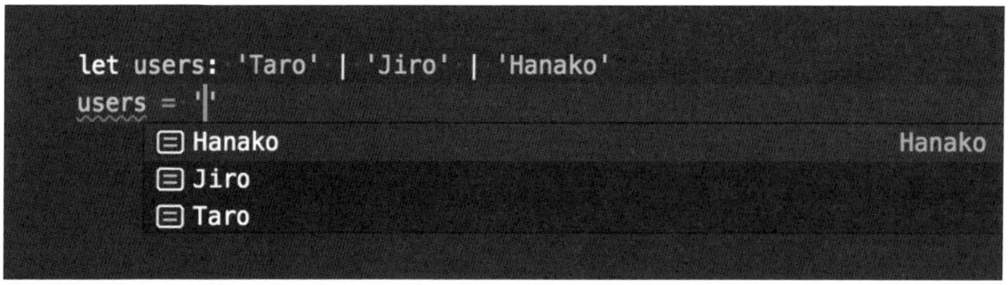

▶図2-3-1　String Literal TypesをUnion Typesと併用すると定数のように扱える

■Numeric Literal Types

Numeric Literal Types（数値リテラル）を使用すると、数値として正確な値を指定できます。リスト2-3-9では、0型を宣言し、**0**以外の値を受け付けないことを示しています。また、Numeric Literal Typesはnumber型のサブタイプであるため、数値が持つ関数にアクセスできます。

▶リスト2-3-9　Numeric Literal Types

```
let zero: 0
zero = 0
zero = 1 // Error!
zero.toFixed(1) // OK
```

Numeric Literal TypesもUnion Typesと併用することで、定数のように扱えます。

▶ リスト2-3-10　Numeric Literal TypesとUnion Types

```
let bit: 8 | 16 | 32 | 64
bit = 8
bit = 12 // Error!
```

Boolean Literal Types

ほかのLiteral Typesと同様に、真偽値にもBoolean Literal Types（真偽値リテラル）があります。

▶ リスト2-3-11　Boolean Literal Types

```
let truth: true
truth = true
truth = false // Error!
```

2-4 typeofキーワードとkeyofキーワード

2-4-1 typeofキーワード

TypeScriptでは、**typeof**キーワードを利用し、宣言済み変数の型を取得できます。「型クエリー」と呼ばれるもので、関数や外部モジュールなどの「型キャプチャ」を取得します。JavaScriptの**typeof**演算子とは別物であるため、注意してください。リスト2-4-1では、string型の変数**asString**の型を参照していることがわかります。

▶リスト2-4-1　typeofキーワード

```
let asString: string = ''
let value: typeof asString
value = 'value'
value = 0 // Error!
```

typeofキーワードを有効に利用できるのは、型推論と組み合わせたときです。リスト2-4-2では、**myObject**の型が抽出できていることがわかります。

▶リスト2-4-2　typeofキーワードと型推論

```
let myObject = { foo: 'foo' }
let anotherObject: typeof myObject = { foo: '' }
anotherObject['foo'] = 'value'
anotherObject['bar'] = 'value' // Error!
```

VS Codeなどのコードエディターで表示されるコードヒントからも、**typeof**キーワードが変数定義を参照していることがわかります。

```
let myObject = { foo: 'foo' }
let anotherObject: typeof myObject = { foo: '' }
anotherObject['']
foo    (property) foo: string
```

▶図2-4-1　コードヒント

2-4-2 keyofキーワード

keyofキーワードを利用すると、オブジェクトのプロパティ名称をString Literal Union Typesで取得できます。図2-4-2では、変数**someKey**は「SomeType型のプロパティ名称のいずれかである」と型推論されていることがわかります。

```
type SomeType = {
  foo: string
  bar: string
  baz: string
}
     let someKey: "foo" | "bar" | "baz"
let someKey: keyof SomeType
```

▶図2-4-2 keyofキーワードによる変数の型推論

■typeofキーワードとの併用

keyofキーワードは**typeof**キーワードと併用することも可能であるため、型推論を利用するシーンで有効です。リスト2-4-3では、変数**myObjectKey**は**foo**、**bar**、**baz**のいずれかの文字列しか受け付けない（**qux**というプロパティはない）ことを示しています。

▶リスト2-4-3 プロパティ名称のString Literal Union Types

```
const myObject = {
  foo: 'FOO',
  bar: 'BAR',
  baz: 'BAZ'
}
let myObjectKey: keyof typeof myObject
myObjectKey = 'bar'
myObjectKey = 'qux' // Error!
```

プロパティ名称が数値の場合は、Numeric Literal Union Typesが取得されます。

▶リスト2-4-4　プロパティ名称のNumeric Literal Union Types

```
const indexedObject = {
  0: 0,
  1: 1
}
let indexedKey: keyof typeof indexedObject
indexedKey = 1
indexedKey = 2 // Error!
```

2-5 アサーション

TypeScriptによる型推論に頼らずとも、プログラマー自身が値の型についての詳細を把握している場合もあります。「アサーション」（宣言）は、このようなシーンで利用します。

ダウンキャスト可能な互換性がある場合に限って「この型である」と宣言することができ、TypeScriptはプログラマーが型についてチェックを行ったと判定します。ダウンキャストについては、「4-2　抽象度による型安全」を参照してください。

アサーションには2つの構文があります。1つは**<>**を利用した構文で、インラインで変数の前に付与します。

▶リスト2-5-1　アサーションの構文その1

```
let someValue: any = "this is a string";
let strLength: number = (<string>someValue).length;
```

もう1つは**as**シグネチャを使った構文です。

▶リスト2-5-2　アサーションの構文その2

```
let someValue: any = "this is a string";
let strLength: number = (someValue as string).length;
```

いずれも、any型はstring型にダウンキャストされています。2つの構文は同等ですが、JSXでアサーションを使用する場合は、「**<>**」ではJSXタグとの区別が曖昧になるため、非推奨とされています。

ここでは詳細を述べませんが、アサーションを利用すると、より強力な型付けが可能になります。

2-6 クラス

従来のJavaScriptによる開発では、再利用可能なクラスを構築するために、関数とプロトタイプを駆使し、継承を模倣した手法を使ってきました。しかし、オブジェクト指向のアプローチに慣れたプログラマーにとっては、十分なものではありませんでした。

ECMAScript 2015以降では、このようなオブジェクト指向のアプローチを利用し、アプリケーションを構築できるようになりました。TypeScriptでは、それらを今すぐ利用できます。

2-6-1 宣言と継承

クラスは、名称とともにコンストラクタ関数を宣言します。**new**演算子によるインスタンス化の際、引数で受け取る値を保持するメンバーに代入します。

▶リスト2-6-1　クラスの宣言

```
class Creature {
  numberOfHands: number
  numberOfFeet: number
  constructor(numberOfHands: number, numberOfFeet: number) {
    this.numberOfHands = numberOfHands
    this.numberOfFeet = numberOfFeet
  }
}
const creature = new Creature(0, 4)
```

リスト2-6-1の**Creature**クラスを継承した**Dog**クラスと**Human**クラスは、リスト2-6-2のようになります。コンストラクタ関数で呼び出している**super**関数は、親クラスのコンストラクタ実行に相当します。このような継承関係の場合、**Creature**は**Dog**・**Human**の「スーパークラス」、逆に**Dog**・**Human**は**Creature**の「サブクラス」と呼びます。

▶リスト2-6-2　継承とサブクラス

```
class Dog extends Creature {
  bark: string
  constructor(bark: string) {
    super(0, 4)
    this.bark = bark
  }
```

```
  barking() {
    return `${this.bark}! ${this.bark}!`
  }
  shakeTail() {
    console.log(this.barking())
  }
}
class Human extends Creature {
  name: string
  constructor(name: string) {
    super(2, 2)
    this.name = name
  }
  greet() {
    return `Hello! I'm ${this.name}.`
  }
  shakeHands() {
    console.log(this.greet())
  }
}
const dog = new Dog('bow-wow')
const human = new Human('Hanako')
```

2-6-2 クラスメンバー修飾子

TypeScriptのクラスメンバーは、**public**・**private**・**protected**の修飾子を付与できます。ほかの言語と同様に、**private**メンバーは、同一クラスのみで参照・実行が可能です。**protected**メンバーは、サブクラスのみに参照・実行が許可され、**public**メンバーは、どのコンテキストでも参照・実行が許可されます。

▶リスト2-6-3　クラスメンバー修飾子

```
class Human extends Creature {
  protected name: string
  constructor(name: string) {
    super(2, 2)
    this.name = name
  }
  protected greet() {
    return `Hello! I'm ${this.name}.`
  }
  public shakeHands() {
    console.log(this.greet())
  }
}
```

```
class Taro extends Human {
  constructor() {
    super('Taro')
  }
  public greeting() {
    console.log(this.greet()) // 継承関係では protected メンバーを実行可能
  }
}

const taro = new Taro()

taro.greeting()   // public メンバーは実行可能
taro.greet()      // protected メンバーは実行不可
taro.shakeHands() // 親クラスの public メンバーは実行可能
```

2-7 列挙型

enumを使用すると、列挙型を定義できます。TypeScriptでは、数値列挙と文字列列挙の両方の列挙型を提供しています。

2-7-1 数値列挙

数値列挙は、**enum**キーワードを使って定義します。リスト2-7-1のメンバーは、どれも宣言した時点で自動的にインクリメントされます。必要に応じて、初期化子を完全に省くことができます。

▶リスト2-7-1　数値列挙

```
enum Direction {
  Up,    // (enum member) Direction.Up = 0
  Down,  // (enum member) Direction.Down = 1
  Left,  // (enum member) Direction.Left = 2
  Right, // (enum member) Direction.Right = 3
}
```

同名の列挙はコンパイルエラーになるため、注意深く宣言する必要はありません。列挙型の使い方は簡単で、列挙型自体からプロパティとして任意のメンバーにアクセスするだけです。

▶リスト2-7-2　列挙型の使い方

```
const left = Direction.Left // const left: Direction.Left
```

2-7-2 文字列列挙

文字列列挙は、数値列挙と同様の概念ですが、実行時にわずかな違いがあります。文字列列挙型では、各メンバーをString Literal Typesで初期化しなければなりません。

▶リスト2-7-3　文字列列挙型の宣言

```
enum Ports {
  USER_SERVICE = "8080",
  REGISTER_SERVICE = "8081",
  MEDIA_SERVICE = "8888"
}
```

文字列列挙には自動インクリメント動作はありませんが、デバッグなどで意味のある文字列を確認することが可能なため、数値列挙よりも扱いやすいケースがあります。

2-7-3 open ended

列挙型は「open ended」[※2]に準拠しているため、リスト2-7-4のように異なるブロックで宣言されていても列挙値を追加することが可能です（文字列列挙型に限る）。

▶リスト2-7-4　文字列列挙型の宣言

```
enum Ports {
  USER_SERVICE = "8080"
}
enum Ports {
  REGISTER_SERVICE = "8081"
}
enum Ports {
  MEDIA_SERVICE = "8888"
}
```

※2　同じ装飾名の宣言があった場合、自動的にマージされる機能のこと。

第3章

TypeScriptの型推論

TypeScript の型推論はとても強力です。一方で、JavaScriptのスーパーセットである立場を崩すことなく、柔軟なプログラミングも許容します。それゆえ、「JavaScriptらしさを損なわないこと」「開発者を手助けすること」が熟慮された言語であると、筆者は常々感じています。本章では、その立役者として、「ちょうどよい」型推論の魅力と、挙動について解説します。

3-1 const ／ letの型推論

変数に型を適用するために、型を必ず付与する必要はありません。TypeScriptは、宣言時に代入された値から、その値の型を推論できます。

TypeScriptの変数宣言では、JavaScriptと同様に、**const**と**let**（または**var**）を使用します。それぞれに特徴があり、代入される値が同じでも、型推論の結果が異なります。

3-1-1 letの型推論

リスト3-1-1のような宣言は、リスト3-1-2のように型推論が適用されます。

▶リスト3-1-1　letの変数宣言

```
let user = 'Taro'
let value = 0
let flag = false
```

▶リスト3-1-2　適用された型推論

```
let user: string
let value: number
let flag: boolean
```

varの推論結果も**let**と同じになります。

3-1-2 constの型推論

constで宣言された値は再代入を行うことができません。値が固定値であるため、次のように宣言時にプリミティブ型を代入すると、適用される型推論はLiteral Typesになります。

▶リスト3-1-3　constの変数宣言

```
const user = 'Taro'
const value = 0
const flag = false
```

これらの変数には、次のような型推論が適用されます。

▶リスト3-1-4　適用された型推論

```
const user: 'Taro'
const value: 0
const flag: false
```

3-1-3 Widening Literal Types

constによって適用されるLiteral Typesは、通常のLiteral Typesとは少し異なるWidening Literal Typesです。これは、プログラマーの明示的な型付与ではないLiteral Typesとも呼ぶべきものであり、その変数を変更可能な変数に代入すると、Literal Typesではなくなってしまいます。

どういうことなのか、具体例を見ていきましょう。次の3つの変数は、すべて0型のLiteral Typesです。

▶リスト3-1-5　3つの0型のLiteral Types

```
const wideningZero = 0            // const wideningZero: 0 <-
const nonWideningZero: 0 = 0      // const nonWideningZero: 0
const asNonWideningZero = 0 as 0 // const asNonWideningZero: 0
```

これを、再代入可能な変数に代入すると、0型がnumber型に変換されているのがわかります。

▶リスト3-1-6　再代入可能な変数に代入

```
let zeroA = 0                  // let zeroA: number
let zeroB = wideningZero       // let zeroB: number <-
let zeroC = nonWideningZero    // let zeroC: 0
let zeroD = asNonWideningZero // let zeroD: 0
const zeros = {
  zeroA, // zeroA: number;
  zeroB, // zeroB: number; <-
  zeroC, // zeroC: 0;
  zeroD  // zeroD: 0;
}
```

String Literal TypesやBoolean Literal Typesでも、同じ挙動となります。

▶リスト3-1-7 再代入可能な変数に代入

```
const wideningValue = 'value'
const nonWideningValue: 'value' = 'value'
const asNonWideningValue = 'value' as 'value'
let valueA = 'value'              // let valueA: string
let valueB = wideningValue        // let valueB: string
let valueC = nonWideningValue     // let valueC: 'value'
let valueD = asNonWideningValue // let valueD: 'value'
```

厳格なLiteral Typesを期待する場合、明示的な型付与（型アノテーションまたは型アサーション）が必要です。

3-2 Array／Tupleの型推論

TypeScriptでArray／Tupleを宣言するには、ブラケット（[]）を利用します。宣言時の記法によって、Array型あるいはTuple型として扱われます。

3-2-1 Arrayの型推論

アノテーションなしで配列を宣言した場合、宣言時の初期要素によって配列の型が決定されます。リスト3-2-1のような宣言は、リスト3-2-2のように型推論が適用されます。

▶リスト3-2-1　アノテーションなしで配列を宣言

```
const a1 = [true, false]
const a2 = [0, 1, '2']
const a3 = [false, 1, '2']
```

▶リスト3-2-2　配列に対する型推論

```
const a1: boolean[]
const a2: (string | number)[]
const a3: (string | number | boolean)[]
```

配列に含むことのできる型を固定したい場合、代入時にアサーションを付与すると、配列の型推論に適用されます。リスト3-2-3では、宣言時にアサーション（**as**）を付与した値を与えています。配列**a1**は(0 | 1)[]型であるため、**0**か**1**のみを含むことができます。

▶リスト3-2-3　配列に対する型推論その1

```
const a1 = [0 as 0, 1 as 1] // const a1: (0 | 1)[]
a1.push(1)
a1.push(2) // Error!
```

アノテーションによって詳細な型を付与した値を代入することでも、同様の結果を得ることができます。リスト3-2-4を確認すると、**zero**および**one**では型推論は行われませんが、**a1**では型推論が適用されていることがわかります。

▶ リスト3-2-4　配列に対する型推論その2

```
const zero: 0 = 0
const one: 1 = 1
const a1 = [zero, one] // const a1: (0 | 1)[]
a1.push(1)
a1.push(2) // Error!
```

3-2-2 Tupleの型推論

固定indexの型指定が存在するTupleは「**const a1 = [zero, one]**」のように宣言しただけでは型推論として発生し得ない型です。Tupleとして変数に型推論を適用するためには、Tuple型をアサーション(**as**)で付与します。

▶ リスト3-2-5　Tupleの型推論

```
const t1 = [false] as [boolean]
const t2 = [false, 1] as [boolean, number]
const t3 = [false, 1, '2'] as [boolean, number, string]
```

Tupleとして確約されているindex値参照を行うと、代入された値は型を推論します。index外の値を参照しようとすると、コンパイルエラーを得ることができます。

▶ リスト3-2-6　index値参照

```
const v3_0 = t3[0] // boolean
const v3_1 = t3[1] // number
const v3_2 = t3[2] // string
const v3_3 = t3[3] // Error!
```

ただし、index外への値の追加はエラーとなりません。index外に代入できる値の型は、Tupleに含まれるUnion Typesです。

▶ リスト3-2-7　index外への値の追加

```
// boolean を追加可能
t1.push(false) // OK
t1.push(1)     // Error!
t1.push('2')   // Error!

// boolean | number を追加可能
t2.push(false) // OK
t2.push(1)     // OK
t2.push('2')   // Error!
```

```
// boolean | number | string を追加可能
t3.push(false) // OK
t3.push(1)     // OK
t3.push('2')   // OK
```

3-2-3 libから提供されるArray型推論

TypeScriptプロジェクトでは、指定された**target**バージョンに従い、ECMAScriptに則った型定義を**lib**から読み込みます。そのため、VS Codeなどのエディターでもバージョンに従ったコードヒントが提供されます。

配列として扱われる値は、**Array.prototype**に定義されている関数を、型推論が適用された状態で利用できます。

リスト3-2-8の**map**や**reduce**の引数に指定する関数に着目してください。**list**がstring[]型であると型推論されているため、それぞれの関数は、引数に型を付与する必要はなく、**string**であると型推論されます。

▶ リスト3-2-8　Array型推論

```
let list = ['this', 'is', 'a', 'test']

list.push('!')
console.log(list) // (5) ["this", "is", "a", "test", "!"]

list = list.map(item => item.toUpperCase()) // item: string
console.log(list) // (5) ["THIS", "IS", "A", "TEST", "!"]

 // prev: string, current: string
let message = list.reduce((prev, current) => `${prev} ${current}`)
console.log(message) // THIS IS A TEST !
```

tsconfigの**target**を**esnext**に指定すると、**lib.esnext.array.d.ts**の型がプロジェクトに追加され、現在仕様策定中である**Array.prototype.flat()**などが利用できることがわかります。

▶ リスト3-2-9　targetがesnextのArray型推論

```
const list = [['this', 'is'], ['a', 'test']] // const list: string[][]
const flatten = list.flat() // const flatten: string[]
```

3-3 objectの型推論

objectの変数宣言時に初期値を与えることで、型推論が適用されます。

▶ リスト3-3-1　objectの変数宣言

```
const obj = {
  foo: false,
  bar: 1,
  baz: '2'
}
```

推論結果は、次のようになります。

▶ リスト3-3-2　objectの型推論

```
const obj: {
  foo: boolean,
  bar: number,
  baz: string
}
```

再代入を試みると、型に互換性がない場合はエラーになります。

▶ リスト3-3-3　objectの再代入

```
obj['foo'] = true // OK
obj['foo'] = 0    // Error!
```

「3-1　const ／ letの型推論」でも解説したように、**const**で宣言された値はLiteral Typesになります。しかし、Objectのプロパティは再代入が可能であるため、保持するプロパティはLiteral Typesとして推論されません。保持するプロパティがLiteral Typesとして推論されるためには、アサーションを利用します。

▶ リスト3-3-4　アサーションによるLiteral Typesの保持

```
const obj = {
  foo: false as false,
  bar: 1 as 1,
  baz: '2' as '2'
}
obj['foo'] = true // Error!
```

3-4 関数の戻り型推論

3-4-1 省略で適用される関数の戻り型推論

関数宣言をする際、戻り型アノテーションを必ず付与する必要はありません。TypeScriptは、関数の定義内容に応じて型推論を行います。

▶リスト3-4-1　関数の戻り型推論

```
function getPriceLabel(amount: number, tax: number) {
  return `￥${amount * tax}`
}
// 【推論結果】
function getPriceLabel(amount: number, tax: number): string
```

▶リスト3-4-2　関数の戻り型推論

```
function log(message: string) {
  console.log(message)
}
// 【推論結果】
function log(message: string): void
```

「定義内容の型推論を優先するのか」「定義内容を宣言で制約するのか」は、状況に応じて、プログラマーの判断で戻り型アノテーションの付与を決定します。たとえば、「string型の値が必ず得られる関数」を定義する場合、戻り型アノテーションでバグを未然に防げます。

▶リスト3-4-3　戻り型アノテーションと異なる実装

```
function getStringValue(value: number, prefix?: string): string {
  if (prefix === undefined) return value // Error!
  return `${prefix} ${value}`
}
```

3-4-2 処理内容により変わる型推論

関数内に条件分岐がある場合など、戻り型が曖昧なものも、定義内容に応じてUnion Typesで型推論が適用されます。

▶ リスト3-4-4　Union Typesが推論される実装

```
function getScore(score: number) {
  if (score < 0 || score > 100) return null
  return score
}
//【推論結果】
function getScore(score: number): number | null
```

▶ リスト3-4-5　Literal Union Typesが推論される実装

```
function getScoreAmount(score: 'A' | 'B' | 'C') {
  switch(score) {
    case 'A':
      return 100
    case 'B':
      return 60
    case 'C':
      return 30
  }
}
//【推論結果】
function getScoreAmount(score: 'A' | 'B' | 'C'): 100 | 60 | 30
```

3-5 Promiseの型推論

非同期処理を行うためのPromiseは、ECMAScript 2015で仕様に追加されました。TypeScriptでは、Promiseを含むコードの中でも、型推論を保持できます。ただし、記述を少し追加する必要があります。

3-5-1 Promiseを返す関数

リスト3-5-1に示した関数は、所定時間経過後に文字列をもって**resolve**が実行されます。**resolve**は非同期タスクが成功して完了した場合に呼び出される関数です。

▶リスト3-5-1　Promiseを返す関数

```
function wait(duration: number) {
  return new Promise(resolve => {
    setTimeout(() => resolve(`${duration}ms passed`), duration)
  })
}
wait(1000).then(res => {}) // resは{}型
```

ほとんどの場合、**then**などを利用して処理を後続に委ねることになりますが、リスト3-5-1のコードでは**res**の型がstring型であることを特定できません。関数の戻り型推論を見ると、リスト3-5-2のような推論が適用されていることがわかります。

▶リスト3-5-2　Promiseオブジェクトの型推論

```
function wait(duration: number): Promise<{}>
```

3-5-2 resolve関数の引数を指定する

resolve関数の引数を明示的に指定することにより、先に挙げた問題が解決されます。明示的な指定には2つの方法があります。

1つは、関数戻り型アノテーションで指定する方法です。

▶リスト3-5-3 関数戻り型アノテーションで指定

```
function wait(duration: number): Promise<string> {
  return new Promise(resolve => {
    setTimeout(() => resolve(`${duration}ms passed`), duration)
  })
}
wait(1000).then(res => {}) // resはstring型
```

もう1つの方法は、Promiseインスタンス作成時に型を付与する方法です。

▶リスト3-5-4 Promiseインスタンス作成時に型を付与

```
function wait(duration: number) {
  return new Promise<string>(resolve => {
    setTimeout(() => resolve(`${duration}ms passed`), duration)
  })
}
wait(1000).then(res => {}) // resはstring型
```

どうちらの記法でも、**resolve**関数にstring型以外の値代入を試みると、コンパイルエラーを得ることができます。

3-5-3 async関数

先述のようなPromiseインスタンスを返す関数は、**async**関数の中で**await**することでも、適切な型推論が行われます。

▶リスト3-5-5 async／awaitの実装

```
async function queue() {
  const message = await wait(1000) // const message: string
  return message
}
```

async関数の戻り型も、Promise型です。リスト3-5-5の**queue**関数ブロックの末尾では、string値が返されています。そのため、適用される型推論は次のようになります。

▶リスト3-5-6 async関数の型推論

```
function queue(): Promise<string>
```

3-5-4 Promise.all ／ Promise.race

Promise.all ／ **Promise.race** を用いると、非同期処理を並行して実行できます。リスト3-5-7では、それぞれの振る舞いに応じた型推論の結果が適用されています。

▶リスト3-5-7　async関数の型推論

```
function waitThenString(duration: number) {
  return new Promise<string>(resolve => {
    setTimeout(() => resolve(`${duration}ms passed`), duration)
  })
}

function waitThenNumber(duration: number) {
  return new Promise<number>(resolve => {
    setTimeout(() => resolve(duration), duration)
  })
}

function waitAll() {
  return Promise.all([
    waitThenString(10),
    waitThenNumber(100),
    waitThenString(1000)
  ])
} // function waitAll(): Promise<[string, number, string]>

function waitRace() {
  return Promise.race([
    waitThenString(10),
    waitThenNumber(100),
    waitThenString(1000)
  ])
} // function waitRace(): Promise<string | number>

async function main() {
  const [a, b, c] = await waitAll() // a: string, b: number, c: string
  const result = await waitRace()   // result: string | number
}
```

3-6 import構文の型推論

3-6-1 import構文の型推論

外部モジュールで定義された変数や関数は、型付与の有無を問わず、そのまま型推論の対象となります。このような振る舞いは**import**構文を用いた場合に限られ、**require**構文では型推論を行いません。

▶リスト3-6-1　test.ts

```
export const value = 10
export const label = 'label'
export function returnFalse() {
  return false
}
```

▶リスト3-6-2　index.ts

```
import { value, label, returnFalse } from './test'
const v1 = value
const v2 = label
const v3 = returnFalse
//【推論結果】
const v1: 10
const v2: 'label'
const v3: () => boolean
```

3-6-2 dynamic import

2019年6月現在、策定中（stage 3）の「**dynamic import**」も同様に、型推論をサポートしています。**dynamic import**は戻り値がPromiseであるため、適切なコードを書くことにより、型推論が適用されます。

▶リスト3-6-3 dynamic import

```
import('./test').then(module => {
  const amount = module.value // const amount: 10
})
async function main() {
  const { value }= await(import('./test'))
  const amount = value // const amount: 10
}
```

● dynamic import
https://github.com/tc39/proposal-dynamic-import

3-7 JSONの型推論

JSONファイルを外部モジュールとしてインポートし、定義内容を型推論できます。利用するためには、**tsconfig.json**の**resolveJsonModule**と**esModuleInterop**を**true**に設定します。

次のJSONファイルを例に利用方法を見ていきましょう。Userレコードを含んだJSONです。

▶リスト3-7-1 users.json

```
[
  {
    "id": 0,
    "created_at": "Thu Jan 24 2019 14:34:32 GMT+0900",
    "profile": {
      "name": {
        "first": "Taro",
        "last": "Yamada"
      },
      "age": 28,
      "gender": "male",
      "enabled": true
    }
  },
  {
    "id": 1,
    "created_at": "Thu Jan 24 2019 14:34:32 GMT+0900",
    "profile": {
      "name": {
        "first": "Hanako",
        "last": "Suzuki"
      },
      "age": 26,
      "gender": "female",
      "enabled": false
    }
  }
]
```

これを型定義で表現しようとすると、リスト3-7-2のようになります。

▶ リスト3-7-2　JSONを表現する型

```
interface User {
  id: number
  created_at: string
  profile: {
    name: {
      first: string
      last: string
    },
    age: number
    gender: string
    enabled: boolean
  }
}
type Users = User[]
```

typeofによる型クエリーとJSON型推論を利用すると、リソース参照から型定義を抽出できます。次のUsers型はリスト3-7-2と等価です。

▶ リスト3-7-3　JSONの型推論と型クエリー

```
import UsersJson from './sample.json'
type Users = typeof UsersJson
```

第4章

TypeScriptの型安全

「バグを減らすこと」は、TypeScriptを導入する大きな理由の1つでしょう。TypeScriptを使いこなすようになるほど、「絞り込む」という作業が、バグを減らす上でいかに重要な作業かということに気づきます。それは、旧来からJavaScript プロジェクトでも行われていたよき作法でもあります。本章では、これらに加え、TypeScriptでもっとも重要な「抽象度・互換性」について理解を深めます。

4-1 制約による型安全

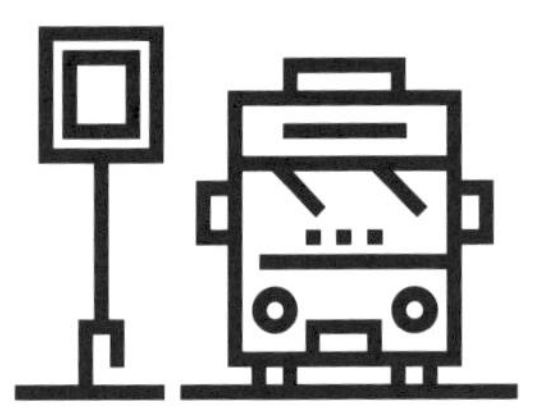

バスが来ているかもしれないし、
来ていないかもしれない。

OR
バスがなければ歩いていく

バスがあれば乗っていく

▶図4-1-1　確実に目的地へ到達するために必要な交通手段の考慮

アノテーションを用いると、引数や変数定義において、誤った値の代入を防げます。関数を利用する側も関数内部の処理も、この制約に従わなければなりません。この制約が型安全を実現する機構となり、型システムを導入する大きなメリットとなります。

「nullやundefinedかもしれない値をどのように処理するのか」「複数パターンが想定される引数の場合、どのように値を選り分け処理をするのか」など、制約の下でコードを決定していきます。

4-1-1 関数でNullable型を扱う

リスト4-1-1に挙げたコードは、引数は「数値か`null`」であることがわかっている関数の例です。①では、`null`を安全に扱うことができない処理であるため、ランタイムエラーが発生してしまいます。

▶リスト4-1-1　引数が「数値かnull」であることがわかっている関数

```
function getFormattedValue(value) {
  return `${value.toFixed(1)} pt`
}
console.log(getFormattedValue(0.1))  // 0.1 pt
console.log(getFormattedValue(0))    // 0.0 pt
console.log(getFormattedValue(null)) // ① Runtime Error !
```

TypeScriptでは、この問題を引数の型アノテーションで解決できます。引数に与えられる値はnumber型または**null**であることを期待するので、number ¦ null型を付与します。これをNullable型（Null許容型）と呼び、型安全なコードを書くための基本的なテクニックです。

▶リスト4-1-2　test.ts

```
function getFormattedValue(value: number | null) {
  return `${value.toFixed(1)} pt` // Compile Error !
}
console.log(getFormattedValue(0.1))  // 0.1 pt
console.log(getFormattedValue(0))    // 0.0 pt
console.log(getFormattedValue(null)) // ???
```

リスト4-1-1でランタイムエラーが発生してしまったのは、**null**に対して**toFixed**関数を呼び出そうとしたことが原因です。ランタイムエラーが出ないように、この関数を修正してみましょう。

▶リスト4-1-3　修正したtest.ts

```
function getFormattedValue(value: number | null) {
  if (value === null) return '-- pt' // ② value: number | null
  return `${value.toFixed(1)} pt`    // ③ value: number
}
console.log(getFormattedValue(0.1))  // 0.1 pt
console.log(getFormattedValue(0))    // 0.0 pt
console.log(getFormattedValue(null)) // -- pt
```

固定の文字列を返す処理を②に追加したことで、この関数はエラーを起こすことなく、string型の値を返すことが確約されました。VS Codeなどのエディターで、②の**value**、③の**value**にマウスオーバーしてみてください。**引数valueの型が変わっている**ことがわかります。

nullの場合、早期returnする処理を施しているため、それ以降のブロックでは**型が絞り込まれる**推論が適用されています。

このように、TypeScriptには実装内容に沿った「絞り込み型推論」を適用する機構が備わっています。

4-1-2 関数の引数をオプションにする

リスト4-1-4に示した関数は、必ず引数を指定しなければならない関数です。そのため、引数を与えていない①がコンパイルエラーとなります。

▶リスト4-1-4　引数を必ず与えなければいけない関数

```
function greet(name: string) {
  return `Hello ${name}`
}
console.log(greet()) // ① Error!
console.log(greet('Taro')) // Hello Taro
```

引数を「必ず与える必要がない」ことを明示するためには、「**name?**」のように引数名のあとに「**?**」を付与します。ここでは、ランタイムエラーもコンパイルエラーも発生しませんが、**Hello undefined**という出力が、意図した結果ではないことは明らかでしょう。

▶リスト4-1-5　引数を必ず与える必要がない関数

```
function greet(name?: string) {
  return `Hello ${name}`
}
console.log(greet()) // Hello undefined
console.log(greet('Taro')) // Hello Taro
```

では、リスト4-1-6のように、名前を大文字に変換する処理を追加するとどうなるでしょうか。

▶リスト4-1-6　ランタイムエラーを起こしうるコードの警告

```
function greet(name?: string) {
  return `Hello ${name.toUpperCase()}` // ② Error!
}
console.log(greet()) // ③
console.log(greet('Taro'))
```

今度は②でコンパイルエラーが発生します。エラー内容は「オブジェクトは 'undefined' である可能性があります」というものです。これは、与えられない可能性がある**name**に対し、**toUpperCase**関数を実行しようとしているためです。

そして、このサンプルを実行すると、③でランタイムエラーが発生します。VS Codeなどのエディターで関数**greet**にマウスオーバーすると、次のように型推論が行われていることがわかります。

▶リスト4-1-7　関数geratに対する型推論

```
function greet(name?: string | undefined): string
```

「**name?: string**」と指定しているはずなのに、「**name?: string | undefined**」と解釈されています。

?を付与すると、その引数には**undefined**が自動で与えられます。この機構によって、実行時エラーになる前に、問題になりそうなコードに気づくことができます。型としても処理としても、問題のない関数にするためには、リスト4-1-8のように修正します。

▶リスト4-1-8　ランタイムエラーを起こしうるコードの警告

```
function greet(name?: string) {
  if (name === undefined) return 'Hello' // ④
  return `Hello ${name.toUpperCase()}`   // ⑤
}
console.log(greet())        // Hello
console.log(greet('Taro')) // Hello TARO
```

④で早期returnしているため、⑤ではundefined型が振るい落とされています。

このような早期returnを**ガード節**や**Type Guard**と呼びます。与えられない可能性がある引数を扱い、問題のないコードを書くことを、型がサポートしてくれます。

4-1-3　デフォルト引数の型推論

JavaScriptの関数には、引数にあらかじめデフォルト値を与える記法があります。TypeScriptでも同様の記法を使うことが可能で、それに従った型推論を得ることができます。

▶リスト4-1-9　単位を付与して整形された文字列を得る関数

```
function getFormattedValue(value: number, unit = 'pt') {
  return `${value.toFixed(1)} ${unit.toUpperCase()}` // ④
}
console.log(getFormattedValue(100))        // ① 100.0 pt
console.log(getFormattedValue(100, 'kg')) // ② 100.0 kg
console.log(getFormattedValue(100, 0))    // ③ Error!
```

unitには型を付与していないにもかかわらず、①も②もエラーになりません。そして、③はコンパイルエラーになります。これは「**デフォルト引数に与えた初期値から引数型が決定される**」からです。そのため、数値を渡している③はコンパイルエラーになります。

VS Codeなどのエディターでは、**getFormattedValue**関数にマウスオーバーすると、関数の型推論結果がわかります。

▶リスト4-1-10　デフォルト引数の型推論

```
function getFormattedValue(value: number, unit?: string): string
```

着目すべき**unit**の型は、「**unit?: string**」と推論されています。「**unit?: string**」と明示的に指定した場合、関数内部では「**unit**が**undefined**かもしれない」と推論されるのは前項で述べたとおりです。では、なぜ前項と同様のエラーが④で発生しないのかというと、「**デフォルトの値が存在する**」ためです。

デフォルトの値があるということは、その値が存在することが確約されているということです。つまり、デフォルト引数を与えると、この関数を利用するコードに対してはオプションとして振る舞い、**関数内部のコードからはオプションが即座に振るい落とされます**。この機構により、JavaScriptのデフォルト引数の振る舞いを再現しています。

もし複数の型を受け付けたい場合は、初期値を与えた上で、型アノテーションを付与します。

▶リスト4-1-11　デフォルト値の付与とアノテーション

```
function getFormattedValue(value: number, unit: string | null = null) {
  return `${value.toFixed(1)} ${unit.toUpperCase()}`
}
```

ここでも、**toUpperCase**関数で問題が発生する可能性を検知できたので、コードを修正します。

▶リスト4-1-12　ガード節で安全になったコード

```
function getFormattedValue(value: number, unit: string | null = null) {
 const _value = value.toFixed(1)
 if (unit === null) return `${_value}`
 return `${_value} ${unit.toUpperCase()}`
}
```

4-1-4 オブジェクトの型安全

TypeScriptでは、オブジェクトリテラルを利用したコードを型安全にするため、特別な機構を設けています。次の関数は、すべてのプロパティがオプショナルなUser型を引数にとる関数です。User型のようなすべてのプロパティがオプショナルな型は「**Weak Type**」と呼ばれます。

▶リスト4-1-13　Weak Typeが付与された関数

```
type User = {
  age?: number
  name?: string
}
function registerUser(user: User) { }
```

■Weak Typeの型安全

次のように、Weak Typeに対して**maybeUser**と**notUser**の代入を試みると、後者ではコンパイルエラーが得られます。

▶リスト4-1-14　Weak Typeの型チェック

```
// 型にはないプロパティを持つオブジェクト
const maybeUser = {
  age: 26,
  name: 'Taro',
  gender: 'male'
}
// 型と一致するプロパティを一つも持たないオブジェクト
const notUser = {
  gender: 'male',
  graduate: 'Tokyo'
}
registerUser(maybeUser)
registerUser(notUser) // Error!
```

これは、「意図していないオブジェクトを代入してしまった」というミスを防ぐためのTypeScriptの仕様です。Weak Typeに限り、部分的にでも一致すれば、TypeScriptは意図したことだと判断します。

「すべてのプロパティがオプショナルではあるが引数は必要」という条件であるため、次のような判定にもなります。

▶リスト4-1-15　Weak Typeの型エラー

```
registerUser({}) // No Error
registerUser()   // Error!
```

■Excess Property Checks

リスト4-1-14では、変数を一度宣言し、その変数を使って代入を行っています。**オブジェクトリテラルを引数に直接記述すると、この挙動は変わる**ことに注意してください。これは、「**Excess Property Checks（過剰なプロパティチェック）**」と呼ばれています。

関数呼び出し時にオブジェクトリテラルを利用することは、設定値などを渡すシーンで多く使われますす。そのため、設定値には存在しない値に対しては、過剰に検査するようになっているわけです。

▶リスト4-1-16　Excess Property Checksの違い

```
const maybeUser = {
  age: 26,
  name: 'Taro',
```

```
  gender: 'male'
}
registerUser(maybeUser) // No Error
registerUser({
  age: 26,
  name: 'Taro',
  gender: 'male' // Error!
})
```

次のようにオブジェクトのスプレッド（...）を利用した場合は、変数を利用する場合と同じです。Excess Property Checksは行われず、コンパイルエラーは起こりません。

▶ リスト4-1-17　Excess Property Checksが無効になる記法

```
registerUser({...{
  age: 26,
  name: 'Taro',
  gender: 'male'
}})
```

4-1-5 読み込み専用プロパティ

オブジェクトが保持する値を読み込み専用としたい場合は、型プロパティ名の前に**readonly**シグネチャを付与します。

▶ リスト4-1-18　readonlyの付与

```
type State = {
  readonly id: number
  name: string
}
const state: State = {
  id: 1,
  name: 'Taro'
}
state.name = 'Hanako'
state.id = 2 // Error!
```

JavaScriptの場合、これらの制御を付与することができません。TypeScriptでは、このシグネチャの付与で、再代入を防ぐことができます。ただし、ランタイム上で実行した場合はエラーに関係なく**id**が書き換えられてしまいます。このようなコンパイルエラーが得られた場合、**readonly**が指定された経緯を確認しましょう。

■Readonly型

すべてのプロパティに**readonly**を付与したい場合、TypeScriptで提供されているReadonly型を使うと、一括して読み込み専用にできます。Readonly型は、明示的にインポートする必要はありません。ここでも、JavaScriptの振る舞いとしては、実際には値が書き換えられてしまいます。

▶リスト4-1-19　Readonly型で一括して読み込み専用を設定

```
type State = {
  id: number
  name: string
}
const state: Readonly<State> = {
  id: 1,
  name: 'Taro'
}
state.name = 'Hanako' // Error!
state.id = 2          // Error!
```

■Object.freezeの型推論

Object.freeze関数を利用すると、コンパイルエラーとなり、実際に値が書き換えられることもありません。この関数を利用すると、先のReadonly型が推論適用されます。

▶リスト4-1-20　Object.freezeの型推論

```
type State = {
  id: number
  name: string
}
const state: State = {
  id: 1,
  name: 'Taro'
}
const frozenState = Object.freeze(state)
frozenState.name = 'Hanako' // Error!
frozenState.id = 2          // Error!
```

4-2 抽象度による型安全

▶図4-2-1　互換性の概念

TypeScriptの型チェックは、「**型の互換性**」に基づいています。抽象的な型は広く値を受け付けることができ、詳細な型は担保された制約の下で処理を安全に展開できます。

「抽象的な型であるべきか」「詳細な型であるべきか」の判断は、コードの意図を知るプログラマーのみが決定できます。つまり、プログラマーは、抽象的な型・詳細な型がどのようなものであるのかを理解し、抽象度をコントロールすることが必要なのです。

本節では、このコントロールの知識を身に付け、コードの意図に最適解な型の付与を目指します。

4-2-1 アップキャスト・ダウンキャスト

型の信憑性が低い値に関しては、JavaScriptの柔軟な挙動を妨げないような工夫がTypeScriptには多く施されています。

しかし、その配慮がプログラマーの意思に沿わない場合があります。たとえば、リスト4-2-1のような初期値です。初期値は固定なので、値はそれぞれ`orange`や`red`などのLiteral Typesを期待するでしょう。

▶リスト4-2-1　固定されていることを期待する初期値

```
const defaultTheme = {
  backgroundColor: "orange",
  borderColor: "red"
}
```

この場合、`const`でオブジェクトは宣言されていても**プロパティは再代入可能**であるため、型を固定できません。「3-1　const／letの型推論」で説明したWidening Literal Typesと同様です。

▶リスト4-2-2　期待とは異なる推論

```
const defaultTheme: {
  backgroundColor: string
  borderColor: string
}
```

■ダウンキャスト

推論される型よりも詳細な型が自明な場合、「TypeScriptよりもプログラマーのほうが、型について詳しい」ということができます。型を確約するために、アサーションで「型宣言」を行います。

▶リスト4-2-3　期待どおりの推論

```
const defaultTheme = {
  backgroundColor: "orange" as "orange",
  borderColor: "red" as "red"
}
defaultTheme.backgroundColor = "blue" // Error!
```

このように、抽象的な型から詳細な型を付与することを「**ダウンキャスト**」と呼びます。ダウンキャストは互換性があるときのみに可能であり、互換性がない場合は成立しません。

▶リスト4-2-4　互換性のないダウンキャスト試行

```
const defaultTheme = {
  backgroundColor: "orange" as false, // Error!
  borderColor: "red" as 0 // Error!
}
```

互換性がある場合はダウンキャスト可能なため、このあと解説する「4-2-4　危険な型の付与」で紹介するような「double assertion」も成り立ちます。ダウンキャストを行う場合、プログラマーは型について

第1部
第1章
第2章
第3章
第4章
第5章
第6章
第2部
第7章
第8章
第9章
第10章
第11章

第1部 第1章 第2章 第3章 第4章 第5章 第6章 第2部 第7章 第8章 第9章 第10章 第11章

責任を持つ必要があります。リスト4-2-5のようなコードでランタイムエラーが起きてしまっても、型システムを咎めることはできないのは明らかです。

▶リスト4-2-5　実装と異なる型宣言

```
const empty = {} as { value: 'value' }
const fiction = empty.value // const fiction: 'value'
```

■アップキャスト

反対に、抽象度を上げる型の付与を「**アップキャスト**」と呼びます。抽象度を上げるのであれば大きな問題がないように思えますが、実は危険な場合もあります。

極端な例ですが、リスト4-2-6を見てください。

▶リスト4-2-6　型互換性の隙に含まれてしまったバグ

```
function toNumber(value: string): any {
  return value
}
const fiction: number = toNumber('1,000') // No Error
fiction.toFixed() // Runtime Error!
```

関数の利用者は、文字列を渡すことで、数値が返却されることを期待しているはずです。しかし、戻り型**any**にアップキャストした上で、「**const fiction: number**」にダウンキャストしているため、この問題が発生しています。明確な理由がなければ、不要な型の付与は行わずに、型推論に頼るべきでしょう。それが、型安全なコードを書くための一番の近道です。

4-2-2　オブジェクトに動的に値を追加する

リスト4-2-7のように、User型のような型が付与されている変数に、定義されていないプロパティ代入を試みると失敗します。

▶リスト4-2-7　型が明示されているオブジェクトに不明なプロパティは代入できない

```
type User = {
  name: string
}
const userA: User = {
  name: 'Taro',
  age: 26 // Error!
}
```

JavaScriptと同様に、TypeScriptでもオブジェクトインスタンスに動的に値を追加することは可能です。「**name**は必須だが、それ以外のプロパティを自由に追加したい」という場合、次のように修正します。

▶ リスト4-2-8　インデックスシグネチャによる動的プロパティ追加の許容

```
type User = {
  name: string
  [k: string]: any
}
const userA: User = {
  name: 'Taro',
  age: 26
}
const x = userA.name // const x: string
const y = userA.age  // const y: any
```

「**[k: string]**」を「**インデックスシグネチャ**」と呼び、任意のプロパテを動的に追加することが可能になります。リスト4-2-8では、どんなプロパティが与えられるかが不明であるため、any型としています。次に、**age**は数値とわかっているので、リスト4-2-9のようにnumber型を指定してみましょう。

▶ リスト4-2-9　インデックスシグネチャが含まれる場合に発生する制約

```
type User = {
  name: string // Error!
  [k: string]: number
}
```

ご覧のように、**name**でコンパイルエラーが発生します。インデックスシグネチャのnumber型と**name**のstring型に互換性がないためです。この指定の場合、トップレベルプロパティはすべて、number型と互換性がなければいけません

これを回避するためには、インデックスシグネチャの型をUnion Typesにする必要があります。この指定の場合、**name**は明示的にstring型を宣言しているため、number | string型にはなりません。

▶ リスト4-2-10　型が明示的なプロパティはUnion Typesにはならない

```
type User = {
  name: string
  [k: string]: number | string
}
const x = userA.name // const x: string
const y = userA.age  // const y: number | string
```

■プロパティ型を制限する

リスト4-2-11は、**enquete**プロパティにString Literal TypesであるAnswer型のみを含むことができる型です。変数**x**はAnswer型、すなわち「**'mighty' | 'lot' | 'few' | 'entirely'**」のいずれかであることが確約されています。

▶リスト4-2-11　Answer型に制約されるプロパティ

```
type Answer = 'mighty' | 'lot' | 'few' | 'entirely'
type User = {
  name: string
  enquete: { [k: string]: Answer }
}
const userA: User = {
  name: 'Taro',
  enquete: {
    exercise_habits: 'entirely',
    time_of_sleeping: 'few'
  }
}
const x = userA.enquete['exercise_habits'] // const x: Answer
const y = userA.enquete['steps_per_day']  // const y: Answer
```

しかし、この型定義には問題があります。存在しない可能性があるプロティ参照もAnswer型として推論されてしまっていることです（変数**y**は**undefined**）。このような場合、インデックスシグネチャの型に**undefined**を追加することで、後続のコードで危険な参照を防げます。

▶リスト4-2-12　インデックスシグネチャを安全に扱う例

```
type User = {
  name: string
  enquete: { [k: string]: Answer | undefined }
}
```

■プロパティ名称を制限する

リスト4-2-11のような場合、アンケート設問の種類を固定できることが想定できます。定義されるであろうプロパティ名称が判明している場合、型を強化できます。

リスト4-2-13のように、Question型を定義した上で、**in**キーワードを利用します。「**K in Question**」は「Question型で宣言されているString Literal Typesのいずれか」を表しています。

▶ リスト4-2-13　指定可能なプロパティ名称を制約する

```
type Question = 'exercise_habits' | 'time_of_sleeping'
type Answer = 'mighty' | 'lot' | 'few' | 'entirely'
type User = {
  name: string
  enquete: { [K in Question]?: Answer }
}
```

インデックスシグネチャとは異なり、**in**キーワードを利用する場合、オプショナルを表す「**?**」を付与できます。そのため、リスト4-2-12のようなundefined型の付与は不要です。これにより、意図しないプロパティ参照を防げます。

▶ リスト4-2-14　Question型に存在しないプロパティ名称は指定できない

```
const userA: User = {
  name: 'Taro',
  enquete: {
    exercise_habits: 'entirely',
    time_of_sleeping: 'few'
  }
}
const x = userA.enquete['exercise_habits']
const y = userA.enquete['steps_per_day'] // Error!
```

ただし、この型安全は**tsconfig.json**の**compilerOptions.noImplicitAny**もしくは**compilerOptions.strict**が**true**に設定されている場合に限ります。

インデックスシグネチャを用いた型定義は、付与されたObjectのプロパティ型を制約できます。もっとも制約の緩いインデックスシグネチャが付与された型は、次のようなものです。

▶ リスト4-2-15　何でも許容するインデックスシグネチャの指定

```
interface User {
  [k: string]: any
}
const user: User = {
  name: 'Taro',          // No Error
  age: 28,               // No Error
  walk: () => {},        // No Error
  talk: async () => {} // No Error
}
```

このObject型プロパティに対して「関数プロパティのみを受け付ける」といった制約を設けたい場合、次のような型定義を行います。

▶リスト4-2-16　関数のみを許容するインデックスシグネチャの指定

```
interface Functions {
  [k: string]: Function
}
const functions: Functions = {
  name: 'Taro',         // Error!
  age: 28,              // Error!
  walk: () => {},       // No Error
  talk: async () => {} // No Error
}
```

「Promiseを返す関数プロパティのみ受け付ける」場合、次のような詳細な型を指定します。**async**関数の戻り型はPromiseであるため、コンパイルエラーとはなりません。

▶リスト4-2-17　Promiseを返却する関数のみを許容するインデックスシグネチャの指定

```
interface ReturnPromises {
  [k: string]: () => Promise<any>
}
const returnPromises: ReturnPromises = {
  name: 'Taro',         // Error!
  age: 28,              // Error!
  walk: () => {},       // Error!
  talk: async () => {} // No Error
```

4-2-3 const assertion

「**const assertion**」は TypeScript 3.4で搭載されたシグネチャです。宣言時にハードコーディングされた値が、Literal Typesとして適用されます。

たとえば、従来、Tupleを宣言するためには**tuple1**のように宣言する必要がありましたが、**as const**シグネチャを付与することによって簡略化できます。

▶リスト4-2-18　const assertionによるLiteral Types指定の簡略化

```
const tuple1 = [false, 1, '2'] as [false, 1, '2']
// const tuple1: [false, 1, '2']
const tuple2 = [false, 1, '2'] as const
// const tuple2: readonly [false, 1, '2']
```

■Widening Literal Typesを抑止する

「第3章 型推論」でも解説したWidening Literal Typesの抑止も可能です。アップキャストされない限り、変数**A**はA型であり続けます。

▶ リスト4-2-19　Widening Literal Typesの抑止

```
const a = 'a' // const a: 'a'
let b = a  // let b: string

const A = 'A' as const  // const A: 'A'
let B = A  // let B: 'A'
```

通常、関数戻り型のオブジェクトに含んだハードコーディングも、推論適用の際にはWidening Literal Typesと判定されます。この戻り値に対して、const assertionを適用することで、Wideningの挙動を抑止可能です。

▶ リスト4-2-20　オブジェクトリテラルのWidening挙動抑止

```
function increment() {
  return { type: 'INCREMENT' }
}
function decrement() {
  return { type: 'DECREMENT' } as const
}
const x = increment()
const y = decrement()
// const x: { type: string }
// const y: { readonly type: 'DECREMENT' }
```

次のように、定数を管理するファイルに一括して**as const**を付与することも可能です。String Literal Typesを確保するための手続きが、従来に比べて格段に減っています。

▶ リスト4-2-21　constants.ts

```
export default {
  increment: 'INCREMENT',
  decrement: 'DECREMENT',
  setCount: 'SET_COUNT'
} as const
```

▶リスト4-2-22　index.ts

```
import constants from './constants'
const n = constants
// const n: {
//   readonly increment: 'INCREMENT'
//   readonly decrement: 'DECREMENT'
//   readonly setCount: 'SET_COUNT'
// }
```

このように、const assertionは、プログラマーの意図する詳細度を、型システムに伝えるシグネチャであるといえるでしょう。

4-2-4 危険な型の付与

危険な型の付与をしてしまうと、コンパイルエラーをすり抜け、ランタイムエラーが発生する場合があります。リスト4-2-23では、なぜ事前にコンパイルエラーを得ることができなかったのでしょうか。

▶リスト4-2-23　危険なキャスト起因のエンバグ

```
function greet(): any {
  console.log('hello')
}
const message = greet()
console.log(message.toUpperCase())
```

greet関数には戻り値がありませんが、戻り値がないことを示すvoid型が、any型の付与により相殺されてしまっています。any型の付与を取り除けば、この問題に気がつくことができるはずです。

▶リスト4-2-24　型推論で得られたバグの抑止

```
function greet() {
  console.log('hello')
}
const message = greet()
console.log(message.toUpperCase()) // Error!
```

any型はどんな型でも受けつけるため、実装内容としてはvoid型を返すものの、戻り型としてany型であることは「型の互換性上の問題はない」と解釈されます。つまり、型の緩い不要な戻り型の付与は、却って問題のあるコードとなってしまうということです。

Non-null assertion

リスト4-2-25のコードは、コンパイルエラーを得ることができず、ランタイムエラーになります。コンパイルエラーをすり抜けた原因は、**name**に続き付与されている「**!**」です。これを「**Non-null assertion**」と呼び、**null**および**undefined**の型情報のみをインラインで振るい落とすものです。

▶リスト4-2-25 Non-null assertionが原因で起こり得るバグの一例

```
function greet(name?: string) {
  console.log(`Hello ${name!.toUpperCase()}`)
}
greet()
```

プログラマーの都合によって「欺かれた型」はその場しのぎでしかなく、あとで問題の原因となることがあります。「**null**および**undefined**ではない」状況がよほど信頼できない限り、このシグネチャは利用するべきではありません。

double assertion

リスト4-2-26は、当然のようにコンパイルエラーを得ることができます。**myName**の型推論は数値型です。

▶リスト4-2-26 number型が推論されるため、toUpperCase関数は利用できない

```
const myName = 0
console.log(myName.toUpperCase()) // Error!
```

これを次のように欺くと、TypeScriptのコンパイルエラーをすり抜けることができます。

▶リスト4-2-27 double assertionで欺かれているため、コンパイルエラーにならない

```
const myName = 0 as any as string
console.log(myName.toUpperCase())
```

これを「**double assertion**」と呼びます。もっとも抽象的なany型を付与した上で、プログラマーに都合のよい型に書き換えてしまう方法です。普段の開発でこのような付与をすることはまずありませんが、ごく稀に役立つことがあります。しかし、型を欺く手法であることは間違いないので、よほどのことではない限り利用するべきではありません。

4-3 絞り込みによる型安全

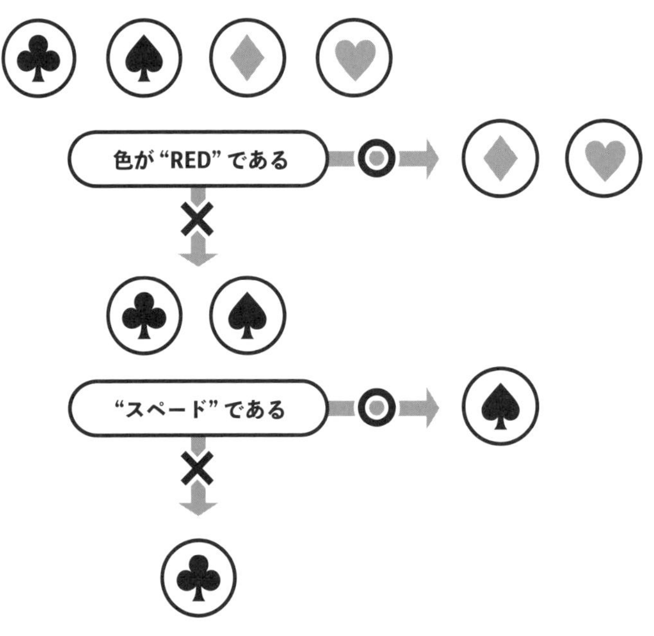

▶図4-3-1　型が絞りこまれる概念

JavaScriptには、型システムが存在するよりも昔から、型安全なコードを築くためのベストプラクティスがありました。それが成し遂げていたのは、どのような振る舞いだったのでしょうか。TypeScriptプロジェクトでは、プログラマーはこれを即座に知ることができます。

型安全な処理を記述することによって、値に適用される型推論はコードブロックの中で変化していきます。TypeScriptでは、これらの絞り込み処理どおりに型推論が変化します。この機構によって、考慮漏れの少ないコードを実装できるため、最終的により少ない時間で品質の高いコードを記述できます。

本節では、JavaScriptの演算子・構文による従来の安全な処理を学びながら、その工程で型がどのように絞り込まれるのかを確認していきます。

4-3-1 typeof type guards

次の関数は、引数に与えられた「**number | string | boolean**」を「**zero value**」に変換する関数です。

▶ リスト4-3-1　typeof演算子により絞り込まれる型

```
function reset(value: number | string | boolean) {
  const v0 = value // const v0: string | number | boolean
  if (typeof value === 'number') {
    const v1 = value // const v1: number
    return 0
  }
  const v2 = value // const v2: string | boolean
  if (typeof value === 'string') {
    const v3 = value // const v3: string
    return ''
  }
  const v4 = value // const v4: boolean
  return false
}
console.log(reset(1))    // 0
console.log(reset('1'))  // ""
console.log(reset(true)) // false
```

typeof演算子により、型が一致した条件分岐ブロック内部では、値の型は絞り込み推論が適用されていることがわかります。

4-3-2 in type guards

引数に渡されるオブジェクトのうち、どちらかのみに存在するプロパティを**in**演算子で比較すると、型の絞り込み推論が適用されます。リスト4-3-2では、①で早期returnが行われているため、②ではUserB型に絞り込まれています。

▶ リスト4-3-2　in演算子により絞り込まれる型

```
type User = { gender: string }
type UserA = User & { name: string }
type UserB = User & { age: number; graduate: string }

function judgeUserType(user: UserA | UserB) {
  if ('gender' in user) {
    const u0 = user // const u0: UserA | UserB
    console.log('user type is UserA | UserB')
  }
```

```
  if ('name' in user) {
    const u1 = user // const u1: UserA
    console.log('user type is UserA')
    return // ① <- 早期return による絞り込み推論
  }
  const u2 = user // ② const u2: UserB
  console.log('user type is UserB')
}
```

4-3-3 instanceof type guards

instanceof 演算子も、**typeof** 演算子と同様に、型の絞り込みを行います。

▶リスト4-3-3　検証するクラス定義

```
class Creature {
  breathe() {}
}
class Animal extends Creature {
  shakeTail() {}
}
class Human extends Creature {
  greet() {}
}
```

このようなクラス定義があった場合、これらのインスタンスのいずれかを引数として受け取る関数は、分岐ブロック内部で型の絞り込み推論が適用されていることがわかります。

▶リスト4-3-4　instanceof演算子により絞り込まれる型

```
function action(creature: Animal | Human | Creature) {
  const c0 = creature // const c0: Animal | Human | Creature
  c0.breathe() // No Error
  if (creature instanceof Animal) {
    const c1 = creature // const c1: Animal
    return c1.shakeTail()
  }
  const c2 = creature // const c2: Human | Creature
  if (creature instanceof Human) {
    const c3 = creature // const c3: Human
    return c3.greet()
  }
  const c4 = creature // const c4: Creature
  return c4.breathe()
}
```

4-3-4 タグ付きUnion Types

与えられる引数のUnion Typesのすべてが共通のプロパティを持ち、その型がLiteral Typesである場合、条件分岐において型の絞り込みを適用できます。このような識別子を持つUnion Typesを「タグ付きUnion Types」(別名Discriminated Union ／ Tagged union）と呼びます。

▶ リスト4-3-5　タグ付きUnion Typesによる絞り込み

```
type UserA = { gender: 'male'; name: string }
type UserB = { gender: 'female'; age: number }
type UserC = { gender: 'other'; graduate: string }

function judgeUserType(user: UserA | UserB | UserC) {
  switch(user.gender) {
    case 'male':
      const u0 = user // const u0: UserA
      return 'user type is UserA'
    case 'female':
      const u1 = user // const u1: UserB
      return 'user type is UserB'
    case 'other':
      const u2 = user // const u2: UserC
      return 'user type is UserC'
    default:
      const u3 = user // const u3: never
      return 'user type is never'
  }
}
```

switch文の**default**ブロックに到達することはないため、**u3**の型はnever型となります。

4-3-5 ユーザー定義type guards

TypeScriptの推論を補助する構文として、**is**があります。「**引数 is Type**」のように記述し、匿名関数の戻り型アノテーションに利用します。この関数は真偽値を返します。

▶ リスト4-3-6　isキーワードを用いたアノテーション

```
type User = { gender: string; [k: string]: any }
type UserA = User & { name: string }
type UserB = User & { age: number }

function isUserA(user: UserA | UserB): user is UserA {
  return user.name !== undefined
```

```
}
function isUserB(user: UserA | UserB): user is UserB {
  return user.age !== undefined
}
```

この関数を利用すると、与えられる引数がany型でも、その条件を通過したブロックではその型であると推論適用されます。

▶ リスト4-3-7　ユーザー定義type guardsによる絞り込み

```
function getUserType(user: any) {
  const u0 = user // const u0: any
  if (isUserA(user)) {
    const u1 = user // const u1: UserA
    return 'A'
  }
  if (isUserB(user)) {
    const u2 = user // const u2: UserB
    return 'B'
  }
  return 'unknown'
}
const x = getUserType({ name: 'Taro' }) // const x: "A" | "B" | "unknown"
```

この構文によるType guardは、引数any型とUserA ¦ UserB型に互換性があるため可能です。そして、関数の処理が「その型であることが間違いない」ことを保証しているのはプログラマーです。この構文を利用する場合は「**TypeScriptがプログラマーの保証を信じて推論適用する**」ということは覚えておきましょう。

4-3-6　Array.filterで型を絞り込む

Array.filterでは、通常、型を絞り込むことはできません。たとえば、次のような場合、処理結果は必ずUserB[]になりますが、推論結果は絞り込みが適用されていません。

▶ リスト4-3-8　Array.filterは、通常、型を絞りこむことはできない

```
type User = { name: string }
type UserA = User & { gender: 'male' | 'female' | 'other' }
type UserB = User & { graduate: string }

const users: (UserA | UserB)[] = [
  { name: 'Taro', gender: 'male' },
```

```
  { name: 'Hanako', graduate: 'Tokyo' }
]
const filteredUsers = users.filter(user => 'graduate' in user)
```

▶リスト4-3-9　推論結果

```
const filteredUsers: (UserA | UserB)[]
```

この課題は、次のとおり、ユーザー定義ガード節が付与された関数を併用することで解決できます。

▶リスト4-3-10　ユーザー定義ガード節を併用すると、Array.filterでも絞り込める

```
function filterUser(user: UserA | UserB): user is UserB {
  return 'graduate' in user
}
const filteredUsers = users.filter(filterUser)
```

filter引数関数は、次のように匿名関数を用いることも可能です。

▶リスト4-3-11　匿名関数におけるユーザー定義type guards

```
const filteredUsers = users.filter(
  (user: UserA | UserB): user is UserB => 'graduate' in user
)
```

▶リスト4-3-12　推論結果

```
const filteredUsers: UserB[]
```

第5章

TypeScriptの型システム

「何となくの理解」ではじめられることは、TypeScriptの利点です。ある程度使い慣れたころには、その意義と魅力から、より一歩踏みこんだ強固な型定義を志したくなるものです。「互換性・宣言空間」についての理解を深めることで、「実践力」につながる型知識が身に付きます。本章では、古くから備わっているTypeScriptの型システムを紹介します。

5-1 型の互換性

▶図5-1-1　互換性の概念

「**型の互換性**」を意識したコーディングは、コードの意図を表すための重要な観点です。TypeScriptの型チェックは、「Structural Subtyping（構造的部分型）」に基づいています。型の互換性が成立しない場合、コンパイルエラーを得ることができます。

値に宣言された型によっては、双方代入が可能なパターンとそうではないパターンがあったり、変数型・関数型で概念が異なるなど、その振る舞いに戸惑うことがあります。

この節では、TypeScriptがどのような観点で互換性を判断しているのかについて紐解いていきます。

5-1-1 互換性の基礎

TypeScriptでは、型チェックに「互換性」を用いています。リスト5-1-1は、string型とString Literal Typesの互換性を表しています。String Literal Typesは、string型の派生型（サブタイプ）です。詳細な型に抽象的な型を代入すると、コンパイルエラーとなります。

▶ リスト5-1-1 string型とString Literal Typesの互換性

```
let s1: 'test' = 'test'
let s2: string = s1 // No Error
let s3: string = 'test'
let s4: 'test' = s3 // Error!
```

number型も、同様にコンパイルエラーとなります。

▶ リスト5-1-2 number型とNumeric Literal Typesの互換性

```
let n1: 0 = 0
let n2: number = n1 // No Error
let n3: number = 0
let n4: 0 = n3      // Error!
```

■any型の互換性

any型は、どんな型にも宣言・代入ができます。リスト5-1-3に示した変数は、実態はboolean型ですが、**a2**や**a3**では異なる型に変換されています。any型は、どのように扱おうとも危険な型であることがわかるでしょう。

▶ リスト5-1-3 string型とString Literal Typesの互換性

```
let a1: any = false   // let a1: any
let a2: string = a1   // let a2: string
let a3 = a1 as number // let a3: number
```

■unknown型の互換性

unknown型は、どんな型の値も受け入れることができるTopTypeであり、型の中でもっとも抽象的な型です。any型とは異なり、型が決定するまでは別の型に代入できません。そのため、リスト5-1-4内の変数**un2**では、実態が正しいにもかかわらず、コンパイルエラーが発生します。逆に、**un3**はアサーションで型宣言されているためコンパイルエラーとなりませんが、誤った型宣言になっています。アサーションを利用するということは、プログラマーに型チェックが委ねられるということにほかなりません。

▶ リスト5-1-4 unknown型の互換性

```
let un1: unknown = 'test'
let un2: string = un1 // Error!
let un3: number = un1 as number
```

■互換性のないアサーション

アサーションの付与時に、値と互換性のない型宣言を試みると失敗します。リスト5-1-5では、**s3**でコンパイルエラーが発生していることは理解しやすいでしょうが、**s4**が問題ないことは不可解に見えるかもしれません。

▶リスト5-1-5　互換性のないアサーション

```
const s1 = '0'            // const s1: "0"
const s2 = '0' as string  // const s2: string
const s3 = 0 as string    // Error!
const s4 = '0' as {}      // OK
```

5-1-2　{}型の互換性

{}型は、JavaScriptのオブジェクトリテラルのためだけに存在しているわけではありません。次の例は、型に互換性があるため、いずれもコンパイルエラーにはなりません。

▶リスト5-1-6　不可解な{}型への代入

```
let o1: {} = 0     // OK
let o2: {} = '1'   // OK
let o3: {} = false // OK
let o4: {} = {}    // OK
```

次のように、object型を利用した場合のエラーを想定していたかもしれません。

▶リスト5-1-7　object型へのプリミティブ代入

```
let o1: object = 0     // Error!
let o2: object = '1'   // Error!
let o3: object = false // Error!
let o4: object = {}    // OK
```

これについては、リスト5-1-8の推論結果（リスト5-1-9）を見ると理解しやすいでしょう。**keyof**は型プロパティの名称一覧を抽出するキーワードで、**K2**・**K3**・**K4**では、数値・文字列・真偽値が持つメソッド名一覧を取得しています。

▶ リスト5-1-8　keyofによるメンバー名の抽出

```
type K0 = keyof {}
type K1 = keyof { K: 'K' }
type K2 = keyof 0
type K3 = keyof '1'
type K4 = keyof false
```

▶ リスト5-1-9　推論結果

```
type K0 = never
type K1 = "K"
type K2 = "toString" | "toFixed" ...
type K3 = number | "toString" | "charAt" ...
type K4 = "valueOf"
```

プリミティブ型は、{}型のサブタイプであるといえます。

{}型の代入

次の例では、特定のプロパティが異なる型であることが明白なので、双方の代入に失敗します。

▶ リスト5-1-10　特定のプロパティが異なる型

```
let o1 = { p1: 0 }
let o2 = { p1: 'test' }
o1 = o2 // Error!
o2 = o1 // Error!
```

次の例も、互いに一致するプロパティが存在しないことが明白であり、双方の代入に失敗します。

▶ リスト5-1-11　互いに一致するプロパティが存在しない

```
let o1 = { p1: 'test' }
let o2 = { p2: 'test' }
o1 = o2 // Error!
o2 = o1 // Error!
```

次の例はわかりづらいかもしれませんが、**o2**は**o1**が持つプロパティを満たしているため、互換性があると判断されます。

▶リスト5-1-12　部分的にプロパティが一致する

```
let o1 = { p1: 'test' }
let o2 = { p1: 'test', p2: 0 }
o1 = o2 // OK
o2 = o1 // Error!
```

そのため、プロパティを何も持たないオブジェクトへの代入もエラーにはなりません。

▶リスト5-1-13　プロパティを持たないオブジェクトへの代入

```
let o1 = {}
let o2 = { p1: 'test' }
o1 = o2 // OK
o2 = o1 // Error!
```

5-1-3 関数型の互換性

次の例では、関数の引数に互換性がないので、双方の代入に失敗します。

▶リスト5-1-14　引数型に互換性がない双方代入

```
let fn1 = (a1: number) => {}
let fn2 = (a1: string) => {}
fn2 = fn1 // Error!
fn1 = fn2 // Error!
```

複数の引数がある場合、すべての引数型が互換性のチェック対象になります。引数の名前は関係なく、引数型のチェックのみを行います。**fn1**は**fn2**の引数を部分的に満たしているため、代入が可能です。

▶リスト5-1-15　引数が多いほうへの代入は可能

```
let fn1 = (a: number) => 0
let fn2 = (b: number, s: string) => 0
fn2 = fn1 // OK
fn1 = fn2 // Error!
```

この互換性は{}型と逆であるため、注意が必要です。

5-1-4 クラスの互換性

クラスも、{}型や関数型と同じく、互換性のチェックに構造的部分型を採用しています。それらと例外的に異なるのは、インスタンスメンバーのみが比較対象となることです。静的メンバーとコンストラクターは比較対象となりません。

リスト5-1-16のように、コンストラクターの引数型に互換性がなくても、エラーにはなりません。

▶ リスト5-1-16　クラスの構造的部分型チェック

```
class Animal {
  feet: number = 4
  constructor(name: string, numFeet: number) { }
}
class Human {
  feet: number = 2
  hands: number = 2
  constructor(name: string, gender: Gender) { }
}
let animal: Animal = new Animal('dog', 4)
let human: Human = new Human('Taro', 'male')
human = animal // Error!
animal = human // OK
```

class Animalに「**hands: number = 2**」を追加すると、コンパイルエラーが消えます。

5-2 宣言の結合

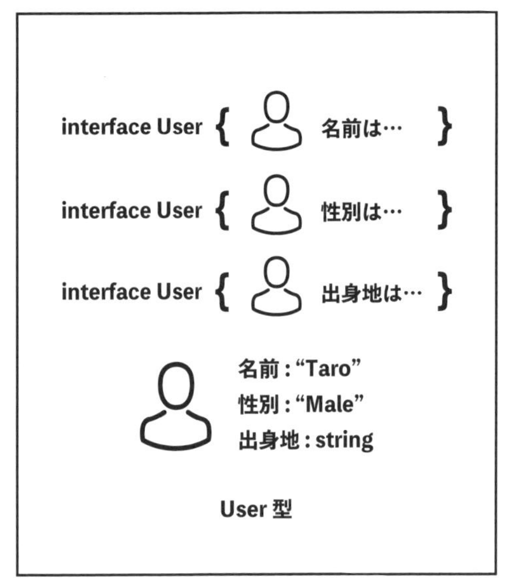

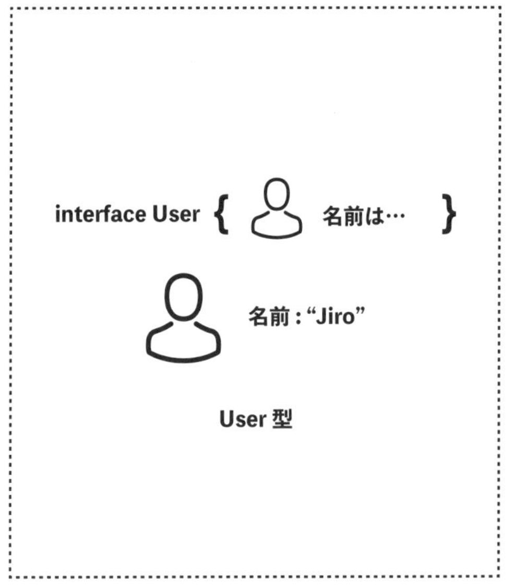

宣言空間 A　　宣言空間 B

▶図5-2-1　結合の概念

TypeScriptには、型宣言を結合するという概念があり、コンパイラーが状況に応じて、別々に宣言された型を単一定義として自動結合します。この機構は、ライブラリの型定義によく使われています。

このわかりやすい例が、JavaScriptが本来備えるNativeAPIの型定義です。tsconfigの`compilerOptions.target`を切り替えることで、`target`に準拠した宣言の結合がTypeScriptによって自動で行われます。たとえば、`esnext`にした場合、Array型に適用される型宣言はリスト5-2-1のとおりですが、`es5`の場合は`lib.es2019.array.d.ts`が`include`されません。そのため、`esnext`の場合に限り、`Array.prototype.flatMap`を利用できます。

▶リスト5-2-1　「target: esnext」でArray型に適用される型定義

```
lib.es2015.core.d.ts
lib.es2015.iterable.d.ts
lib.es2015.symbol.wellknown.d.ts
lib.es2016.array.include.d.ts
lib.es2019.array.d.ts
lib.es5.d.ts
```

また、宣言した定義（値・型・名前空間）の種別により、アサインされる領域が異なる「**宣言空間**」という概念もあります。この宣言空間は、型宣言の結合と密接に関係しています。

本節では、宣言空間・宣言の結合について解説します。

5-2-1 宣言空間（declaration space）

TypeScriptには、宣言方法・種別によって振り分けられる次の3つのグループがあります。

- Value（値）
- Type（型）
- Namespace（名前空間）

この3つグループを「**宣言空間（declaration space）**」と呼びます。

たとえば、次のコードでは、値・型・名前空間の3つを同一名称で宣言しています。しかし、それぞれの定義は異なる宣言空間にアサインされるため、競合することはなく、コンパイルエラーにはなりません。

▶リスト5-2-2　競合しない型および値の宣言

```
const Test = {}    // Value
interface Test {} // Type
namespace Test {} // Namespace
```

■Value宣言空間

変数や関数の宣言空間は、Value（値）に割り当てられます。宣言空間で重複した宣言は、コンパイルエラーとなります。

▶リスト5-2-3　競合する値の宣言

```
const value1 = 'test'
let value2 = 'test'
function greet() {}    // Error!
const greet = 'hello' // Error!
```

■Type宣言空間

型（Type）を宣言するためには、`interface`もしくは`type alias`を用います。この両者には、**「open ended」に準拠しているかいないか**という違いがあります。

`interface`はopen endedに準拠しているので、リスト5-2-4のように宣言を重ねることで「**型拡張（オーバーロード）**」が可能です。

▶リスト5-2-4　interfaceのオーバーロード

```
interface User {
  name: string
}
interface User {
  age: number
}
```

この定義は、最終的には次のように結合されます。

▶リスト5-2-5　オーバーロードにより結合された型宣言

```
interface User {
  name: string
  age: number
}
```

一方で、**type alias**は、open endedに準拠していません。また、宣言空間は、**interface**と同様にTypeに割り振られます。そのため、同一名称の型宣言を試みると失敗します。

▶リスト5-2-6　type aliasではオーバーロードは不可

```
type User = { // Error!
  name: string
}
type User = { // Error!
  age: number
}
```

■Namespace宣言空間

Namespace宣言空間内において型定義をエクスポートすると、ドットでつなぐ型参照が可能になります。混乱しがちですが、同一名称であっても宣言空間が異なるため、次の例のTest型は、別定義を指します。

▶リスト5-2-7　namespaceは型宣言ではない

```
interface Test {
  value: string
}
namespace Test {
  export interface Properties {
    name: string
```

```
  }
}
// interfaceの型の付与
const test: Test = {
  value: 'value'
}
// 名前空間が保持する型の付与
const properties: Test.Properties = {
  name: 'Taro'
}
```

■Declaration Type

型を宣言した際に、どの宣言空間のグループに割り当てられるかは、Declaration Typeによって自動的に決定されます。

▶表5-2-1　Declaration Typeによる宣言空間の割り当て

Declaration Type	Namespace	Type	Value
Namespace	X		X
Class		X	X
Enum		X	X
Interface		X	
Type Alias		X	
Function			X
Variable			X

5-2-2 interfaceの結合

もっとも一般的で、わかりやすい型宣言の結合は**interface**です。両方の型宣言のメンバーが、単一の**interface**に自動的に結合されます。

▶リスト5-2-8　interfaceの結合

```
interface Bounds {
  width: number
  height: number
}
interface Bounds {
  left: number
  top: number
}
```

▶リスト5-2-9　自動的に結合される

```
interface Bounds {
  width: number
  height: number
  left: number
  top: number
}
```

interfaceに宣言するメンバーの型は、それぞれ固有でなければなりません。すでに宣言されているメンバーを異なる型で宣言しようとすると、コンパイルエラーになります。

▶リスト5-2-10　宣言済みプロパティの異なる型宣言は不可

```
interface Bounds {
  width: number
  height: number
}
interface Bounds {
  width: number
  height: string // Error!
}
```

同じ名前の各関数メンバーは、同じ関数のオーバーロードを表すものとして扱われます。

▶リスト5-2-11　関数メンバーはオーバーロードされる

```
interface Bounds {
  width: number
  height: number
  move(amount: string): string
}
interface Bounds {
  left: number
  top: number
  move(amount: number): string
}
const bounds: Bounds = {
  width: 0,
  height: 0,
  left: 0,
  top: 0,
  move: (amount: string | number) => {
    return `${amount}`
  }
}
```

5-2-3 namespaceの結合

interfaceと同様に、同じ名前の**namespace**もそのメンバーを自動的に結合します。名前空間は、名前空間・値の両方を作成するので、両者がどのように結合されるかを理解しておく必要があります。

たとえば次の定義では、**Publisher**名前空間は後続の宣言が結合されます。結合したコンテキストでは、エクスポートされた型宣言に限って参照が可能です。冒頭の**namespace**で宣言されたAppearance型はエクスポートされていないため、ほかの**namespace**からは参照できません。

▶リスト5-2-12　名前空間結合時、exportされていない宣言は参照できない

```
namespace Publisher {
  export const name = ''
  interface Appearance {
    color: 'monochrome' | '4colors' | 'fullcolors'
  }
  export interface Book {
    title: string
    appearance: Appearance
  }
}
namespace Publisher {
  export interface CookingBook extends Book {
    category: 'cooking'
    appearance: Appearance // Error!
  }
}
```

これに続けて、宣言を追加します。冒頭でエクスポートされているBook型に対して、「**lang: 'ja'**」メンバーを追加しています。

▶リスト5-2-13　結合される型にメンバーを追加する

```
namespace Publisher {
  export interface Book {
    lang: 'ja'
  }
  export interface TravelBook extends Book {
    category: 'travel'
  }
}
```

宣言された型を付与すると、次のように型が結合されていることを確認できます。

▶リスト5-2-14　確認のための付与

```
const cookingBook: Publisher.CookingBook = {} as Publisher.CookingBook
const travelBook: Publisher.TravelBook = {} as Publisher.TravelBook
```

▶リスト5-2-15　推論結果

```
const cookingBook: {
  title: string
  appearance: Appearance
  lang: 'ja'
  category: 'cooking'
}
const travelBook: {
  title: string
  appearance: Appearance
  lang: 'ja'
  category: 'travel'
}
```

CookingBookの宣言時には、「**lang: 'ja'**」は存在していませんでした。それにもかかわらず、後続の**namespace Publisher**内部におけるBook型の宣言結合によって、メンバーが挿入されていることがわかります。

■ライブラリ拡張で利用されるnamespaceの結合

ライブラリの型を拡張するため、**namespace**の結合を利用しているものがあります。本書でも取り上げているNode.jsのWebアプリケーションサーバーである「**Express**」では、次のような型が提供されています。

▶リスト5-2-16　node_modules/@types/express-serve-static-core/index.d.ts

```
declare global {
  namespace Express {
    interface Request { }
    interface Response { }
    interface Application { }
  }
}
```

Expressで**express-session**というミドルウェアを利用する場合、**@types/express-session**という型定義をインストールします。インストールするだけで型が拡張されるのは、この仕組みを利用しているためです。

先の例とは異なり、**declare global**スコープに宣言されているため、**interface**のエクスポートをせずにオーバーロードが可能になっています。

▶ リスト5-2-17　node_modules/@types/express-session/index.d.ts

```
declare global {
  namespace Express {
    interface Request {
      session?: Session;
      sessionID?: string;
    }
    interface SessionData {
      [key: string]: any;
      cookie: SessionCookieData;
    }
    interface SessionCookieData {
      originalMaxAge: number;
      path: string;
      maxAge: number | null;
      secure?: boolean;
      httpOnly: boolean;
      domain?: string;
      expires: Date | boolean;
      sameSite?: boolean | string;
    }
    interface SessionCookie extends SessionCookieData {
      serialize(name: string, value: string): string;
    }
    interface Session extends SessionData {
      id: string;
      regenerate(callback: (err: any) => void): void;
      destroy(callback: (err: any) => void): void;
      reload(callback: (err: any) => void): void;
      save(callback: (err: any) => void): void;
      touch(callback: (err: any) => void): void;
      cookie: SessionCookie;
    }
  }
}
```

Column —@typesの自動include

すべての**node_modules/@types**に含まれるパッケージは、デフォルトでコンパイル対象と見なされます。

5-2-4 モジュール型拡張

モジュール型拡張を利用すると、あたかもオリジナルと同じファイルで宣言されたかのように、型が結合されます。これは、ライブラリが提供している型を拡張するといったシーンでとても役にたちます。たとえば、mixinやプラグイン、ミドルウェアなど、ライブラリを強化するサードパーティ製のライブラリを追加する際に有効です。

前項で紹介した**namespace**の宣言結合を利用するのか・モジュール型拡張を利用するのかの判断は、DefinitelyTypedで提供されている型・ライブラリにビルトインされている型宣言を確認し、適切な方法を選びます。

本書でも取り上げている「Vue.js」では、プラグイン拡張のためにモジュール型拡張を利用しています。

▶リスト5-2-18　Vue.jsでプラグインで使用するための型拡張（https://jp.vuejs.org/v2/guide/typescript.html）

```
import Vue from 'vue'
declare module 'vue/types/vue' {
  interface VueConstructor {
    $myGlobal: string
  }
}
declare module 'vue/types/options' {
  interface ComponentOptions<V extends Vue> {
    myOption?: string
  }
}
```

第6章

TypeScriptの高度な型

型といえば、真っ先に「オブジェクト指向プログラミング」を思い浮かべるでしょう。しかし、近代のプログラミングパラダイムは、これに準ずるとは限りません。関数型プログラミングとの親和性を高めるため、型推論が改善され続けていることはもちろん、「型で型を定義する」という型レベルプログラミングがTypeScriptでは可能です。本章では、ほかの型システムとは一線を画する高度な型を紹介します。

6-1 Generics

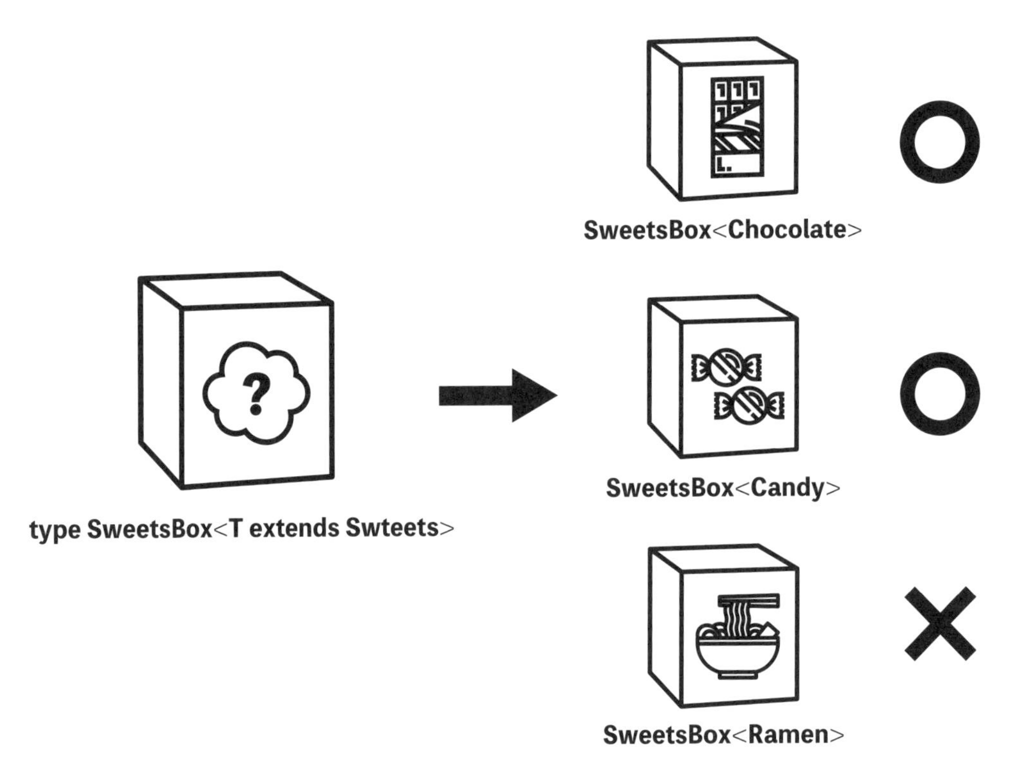

▶図6-1-1　制約の設けられたGenerics

Genericsを用いると、型の決定を遅延できます。これにより、型における変数のような機能を果たします。Genericsが割り当てられた型定義に対し、< >の内側に型指定することで、導かれる型推論を可変にできます。Genericsは、その都度、宣言する必要はありません。それは、プログラマーが意識する必要がない、至るところで活用されています。

本節では、強力な推論を導く構文としても不可欠なGenericsの基礎について学んでいきます。

6-1-1 変数のGenerics

変数の型は、Genericsを含む型を付与できます。型の詳細は、付与時に決定できます。

基本的な付与

Genericsを利用する型を宣言する場合、型名称に続いて「**<T>**」のようにして「T型」をエイリアスとして指定します。慣習的に「**T**」「**U**」「**K**」などの型エイリアス名称が利用されることが多いのですが、任意の名称を指定できます。

次のようなBox型を付与する場合、Genericsの指定が必要です。

▶ リスト6-1-1 Genericsを利用する型の宣言

```
interface Box<T> {
  value: T
}
```

▶ リスト6-1-2 型定義の付与

```
const box0: Box = { value: 'test' }          // Error! Genericsを指定していない
const box1: Box<string> = { value: 'test' }
const box2: Box<number> = { value: 'test' } // Error! number型でなければならない
```

初期Generics

関数の**default**引数の付与と同様に、Genericsでも初期型を指定できます。

▶ リスト6-1-3 初期Genericsの指定

```
interface Box<T = string> {
  value: T
}
```

▶ リスト6-1-4 初期Genericsが付与されている型はGenericsを省略できる

```
const box0: Box = { value: 'test' }          // NoError. Genericsを省略できる
const box1: Box<string> = { value: 'test' }
const box2: Box<number> = { value: 'test' } // Error! number型でなければならない
```

extendsによる制約

Genericsに**extends**シグネチャを付与することで、指定可能な型を制約できます。

▶ リスト6-1-5 extendsシグネチャが付与されたGenerics

```
interface Box<T extends string | number> {
  value: T
}
```

▶リスト6-1-6　extendsシグネチャを付与すると、指定可能な型を制約できる

```
const box0: Box<string> = { value: 'test' }
const box1: Box<number> = { value: 0 }
const box2: Box<boolean> = { value: false } // Error! string | number型でなければならない
```

Column ―型エイリアス略称の由来

型エイリアス略称の由来については諸説あります。慣習的に、Typeを表す「**T**」、Keyを表す「**K**」、Unknownを表す「**U**」、Elementを表す「**E**」が利用されることが多いようです。
管理しやすく、意味のある略称にするとよいでしょう。

6-1-2 関数のGenerics

関数宣言時にGenericsを利用することで、関数は引数型を未確定な型として扱えます。

■基本的な付与

関数定義にGenericsを利用する場合、関数名に続けて「**<T>**」のようにT型をエイリアスとして指定します。

▶リスト6-1-7　関数のGenerics

```
function boxed<T>(props: T) {
  return { value: props }
}
```

■暗黙的に解決されるGenerics

関数定義にGenericsが含まれていても、利用時の型指定は必須ではありません。リスト6-1-8のようにGenerics指定を省略しても、引数に与えられた値から、リスト6-1-9のような推論結果を得ることができます。

▶リスト6-1-8　Genericsの省略

```
const box0 = boxed('test')
const box1 = boxed(0)
const box2 = boxed(false)
const box3 = boxed(null)
```

▶ リスト6-1-9　推論結果

```
const box0: { value: string }
const box1: { value: number }
const box1: { value: boolean }
const box3: { value: null }
```

アサーションによる明示的な型の付与

Nullable型などを直接適用したい場合、宣言時にアサーションを付与します。

▶ リスト6-1-10　アサーションによる明示的な型の付与

```
const box2 = boxed(false as boolean | null)
const box3 = boxed<string | null>(null)
```

▶ リスト6-1-11　推論結果

```
const box2: { value: boolean | null }
const box3: { value: string | null }
```

リスト6-1-7の関数を変数に代入する場合、リスト6-1-12のようにすることも可能です。

▶ リスト6-1-12　Genericsを含む関数を変数に代入する

```
const boxed = <T>(props: T) => ({ value: props })
```

extendsによる制約

変数と同様に、Genericsに**extends**シグネチャを付与することで、指定可能な型を制約できます。

▶ リスト6-1-13　extendsによる制約

```
function boxed<T extends string>(props: T) {
  return { value: props }
}
const box1 = boxed(0) // Error!
const box2 = boxed('test')
```

この制約により、関数内部の処理は型安全であることが保証されます。たとえば、リスト6-1-14では、引数はProps型を満たしていることが確約されているため、**props.amount**（number型）に備わっている**toFixed**関数を実行できます。

▶リスト6-1-14　確約されている引数型

```
interface Props {
  amount: number
}
function boxed<T extends Props>(props: T) {
  return { value: props.amount.toFixed(1) }
}

const box1 = boxed({ amount: 0 })
const box2 = boxed({ value: 0 })        // Error! Props型を満たしていない
const box3 = boxed({ amount: 'test' }) // Error! amountがnumber型でない
```

6-1-3 複数のGenerics

関数の引数と同様に、複数のGenericsを指定できます。また、複数のGenericsを関連付けることが可能です。

■keyofによるLookup

リスト6-1-15に示した関数のように、第二引数のGenericsを、第一引数のGenericsと関連付けることができます。第二引数に付与されたK型は、第一引数のプロパティ名称であることが確約されます。そのため、**props[key]**が必ず存在する値であることが保証されます。

▶リスト6-1-15　keyofによるLookup

```
function pick<T, K extends keyof T>(props: T, key: K) {
  return props[key]
}
```

この関数を利用すると、リスト6-1-16のような型推論を得ることができます。第二引数にプロパティ名称を指定すると、そのプロパティ型を型推論として導きます。第二引数に存在しないプロパティ名称を指定すると、コンパイルエラーを得ることができます。

▶リスト6-1-16　Lookupで導かれる型推論

```
const obj = {
  name: 'Taro',
  amount: 0,
  flag: false
}
const value1 = pick(obj, 'name')   // const value1: string
const value2 = pick(obj, 'amount') // const value2: number
```

```
const value3 = pick(obj, 'flag') // const value3: boolean
const value4 = pick(obj, 'test') // Error! 'test'プロパティはない
```

6-1-4 クラスのGenerics

クラスの宣言にGenericsを利用すると、コンストラクターの引数を制約できます。次の例では、インスタンス生成時にstring型の引数を要求しています。

▶ リスト6-1-17　クラスのGenerics

```
class Person<T extends string> {
  name: T
  constructor (name: T) {
    this.name = name
  }
}
const person = new Person('Taro')
const personName = person.name // const personName: "Taro"
```

オブジェクトを引数にとる場合は、リスト6-1-18のようになります。コンストラクターは「**T extends PersonProps**」という制約が設けられているため、クラスメンバーに「Indexed Access Types」を利用した型の付与が可能です。

▶ リスト6-1-18　オブジェクトを引数にとる場合

```
interface PersonProps {
  name: string
  age: number
  gender: 'male' | 'female' | 'other'
}
class Person<T extends PersonProps> {
  name: T['name']
  age: T['age']
  gender: T['gender']

  constructor (props: T) {
    this.name = props.name
    this.age = props.age
    this.gender = props.gender
  }
}
const person = new Person({
  name: 'Taro',
  age: 28,
  gender: 'male'
})
```


第1部 第1章 第2章 第3章 第4章 第5章 第6章 第2部 第7章 第8章 第9章 第10章 第11章

6-2 Conditional Types

extends

?

: never

extends

?

: never

▶図6-2-1　部分型の抽出概念

Conditional Typesは、型の互換性を条件分岐にかけ、型推論を導出する型です。型が互換性を満たす場合、任意の型を返却できます。ある型の互換性が満たされていると判断された場合、比較された型は派生型であることが確約されます。たとえば、`name`プロパティを保持しているかどうかという分岐の場合、`name`プロパティの型参照が可能になります。

また、`infer`シグネチャを用いた、部分型のキャプチャをConditional Typesの構文内で利用できます。これは、「**Type Inference in Conditional Types**」と呼ばれる機能で、TypeScript 2.8で追加されました。

Conditional Typesを巧みに構成することで、従来では不可能だった型推論が可能になります。本節では、Conditional Typesの基礎を学んでいきます。

6-2-1 型の条件分岐

Conditional Typesは「`T extends X ? Y : Z`」という構文で表されます。T型がX型と互換性がある場合はY型が、そうでない場合はZ型が適用されます。つまり、JavaScriptの三項演算子と同じ構文です。この条件分岐がどのような振る舞いをするのか、まず確認してみましょう。

▶リスト6-2-1 Conditional Typesの分岐構文

```
type IsString<T> = T extends string ? true : false
type X = IsString<'test'> // type X = true
type Y = IsString<0>      // type Y = false
```

この条件分岐を用いることで、型の制約を設けたり、部分型を抽出できます。

Mapped Typesでの利用

次のようにMapped Typesの中で、Conditional Typesを利用できます。たとえばリスト6-2-3では、Properties型に対して、IsType型を用いて変換しています。そうすることで、U型に一致するプロパティは、true型に変換されます。

▶リスト6-2-2 Mapped Typesの中で利用するConditional Types

```
interface Properties {
  name: string
  age: number
  flag: boolean
}
type IsType<T, U> = {
  [K in keyof T]: T[K] extends U ? true : false
}
```

▶リスト6-2-3 型で型を変換する

```
type IsString = IsType<Properties, string>
type IsNumber = IsType<Properties, number>
type IsBoolean = IsType<Properties, boolean>
```

この型を利用して得られる型は、リスト6-2-4のようになります。第二Genericsと互換性のあるプロパティが **true** に変換されていることが確認できます。

▶リスト6-2-4 推論結果

```
type IsString = {
  name: true
  age: false
  flag: false
}
type IsNumber = {
  name: false
```

```
  age: true
  flag: false
}
type IsBoolean = {
  name: false
  age: false
  flag: true
}
```

6-2-2 条件に適合した型を抽出する型

前項の「Mapped Types」では、一致する型を変換しました。ここで解説するのは、該当するプロパティ名称のみをUnion Typesで得る型です。プロパティ名称に相当するK型を返却し、末尾に**[keyof T]**を付与して、この型を得ることができます。

▶リスト6-2-5　プロパティ名称のUnion Typesを得るFilter型

```
interface Properties {
  name: string
  age: number
  walk: () => void
  jump: () => Promise<void>
}
type Filter<T, U> = {
  [K in keyof T]: T[K] extends U ? K : never
}[keyof T]
```

第二Genericsと互換性のあるプロパティ名称が抽出されていることが確認できます。

▶リスト6-2-6　Filter型の利用例

```
type StringKeys = Filter<Properties, string>
type NumberKeys = Filter<Properties, number>
type FunctionKeys = Filter<Properties, Function>
type ReturnPromiseKeys = Filter<Properties, () => Promise<any>>
```

▶リスト6-2-7　推論結果

```
type StringKeys = "name"
type NumberKeys = "age"
type FunctionKeys = "walk" | "jump"
type ReturnPromiseKeys = "jump"
```

■一致するプロパティ名称から型を生成

取得した名称を元にして、新しい型を生成してみましょう。組み込みUtility TypesであるPick型を利用すると、元のObject型から該当のプロパティのみを抽出したObject型を生成できます。

リスト6-2-5のFilter型とPick型を併用します。Pick型は、TypeScriptが提供している組み込みUtility Typesです。

▶リスト6-2-8　プロパティ名称から新しいObject型を生成する型定義

```
type StringKeys<T> = Filter<T, string>
type NumberKeys<T> = Filter<T, number>
type FunctionKeys<T> = Filter<T, Function>
type ReturnPromiseKeys<T> = Filter<T, () => Promise<any>>

type Strings = Pick<Properties, StringKeys<Properties>>
type Numbers = Pick<Properties, NumberKeys<Properties>>
type Functions = Pick<Properties, FunctionKeys<Properties>>
type ReturnPromises = Pick<Properties, ReturnPromiseKeys<Properties>>
```

▶リスト6-2-9　推論結果

```
type Strings = {
  name: string
}
type Numbers = {
  age: number
}
type Functions = {
  walk: () => void
  jump: () => Promise<void>
}
type ReturnPromises = {
  jump: () => Promise<void>
}
```

6-2-3 条件分岐で得られる確約

型の条件分岐が成立した場合、Indexed Access Typesによる型参照が可能になります。次の型を例に、DeepNest型の**deep.nest.value**の型を抽出してみます。

▶リスト6-2-10　深くネストされた型

```
interface DeepNest {
  deep: { nest: { value: string } }
}
```

```
interface ShallowNest {
  shallow: { value: string }
}
interface Properties {
  deep: DeepNest
  shallow: ShallowNest
}
```

DeepDive型は、Properties型に含まれるプロパティのうち、DeepNest型と互換性があるプロパティに限って、**Salvage<T[K]>**を返却します。DeepNest型と互換性がないプロパティは、never型が適用されます。

▶リスト6-2-11　深くネストされた型の抽出

```
type Salvage<T extends DeepNest> = T['deep']['nest']['value']
type DeepDive<T> = {
  [K in keyof T]: T[K] extends DeepNest ? Salvage<T[K]> : never
}[keyof T]
type X = DeepDive<Properties>  // type X = string
```

「**T['deep']['nest']['value']**」のようなIndexed Accessが成立するのは、Salvage型のGenericsが「**<T extends DeepNest>**」と指定されおり、GenericsはDeepNest型と互換性があることが確約されているためです。「**T[K] extends DeepNest ?**」という構文により、T[K]はDeepNest型と互換性があることが確約されているため、**Salvage<T[K]>**の適用が可能になっています。

このように、抽出したい型が深い階層にある場合、構造型を条件分岐に用いることで、推論を深掘りできます。

6-2-4　部分的な型抽出

Conditional Types構文の中のみで利用できる**infer**シグネチャを用いると、部分的な型抽出が可能になります。これが「Type Inference in Conditional Types」と呼ばれる機能です。

組み込みUtility TypesであるReturnType型と同じ型で、この挙動を確認してみましょう。「**T extends**」に続く「**(...arg: any[]) => infer U**」が条件となる型です。これは「関数型かつ戻り型がある」型であることを表しています。この「関数型かつ戻り型がある」条件が満たされた場合、戻り型のU型を返却します。

▶リスト6-2-12　ReturnType型の再現

```
function greet() {
  return 'Hello!'
}
```

```
type Return<T> = T extends (...arg: any[]) => infer U ? U : never
type R = Return<typeof greet> // type R = string
```

■引数型の抽出

条件にかける型は、どんな型でも指定が可能です。

A1型は「関数型かつ第一引数がある」条件に一致した場合、第一引数の型を返却します。A2型は「関数型かつ第二引数がある」条件に一致した場合、第二引数の型を返却します。AA型は「関数型」条件に一致した場合、引数をTuple型で返却します。

▶リスト6-2-13　引数型の抽出

```
function greet(name: string, age: number) {
  return `Hello! I'm ${name}. ${age} years old.`
}

type A1<T> = T extends (...arg: [infer U, ...any[]]) => any ? U : never
type A2<T> = T extends (...arg: [any, infer U, ...any[]]) => any ? U : never
type AA<T> = T extends (...arg: infer U) => any ? U : never

type X = A1<typeof greet> // type X = string
type Y = A2<typeof greet> // type Y = number
type Z = AA<typeof greet> // type Z = [string, number]
```

■Promise.resolve引数型の抽出

リスト6-2-14に示した**async**関数は、X型で確認できることからもわかるように、**Promise<string>**を返す関数です。ResolveArg型では、PromiseのGenericsに「**infer U**」を配備しているため、string型が導かれます。

▶リスト6-2-14　async functionの推論とGenericsのinfer

```
async function greet() {
  return 'Hello!'
}

type ResolveArg<T> = T extends () => Promise<infer U> ? U : never
type X = typeof greet // type X = () => Promise<string>
type Y = ResolveArg<typeof greet> // type Y = string
```

Promsie型に限らず、このようにGenericsに対して**infer**シグネチャを適用できます。

6-3 Utility Types

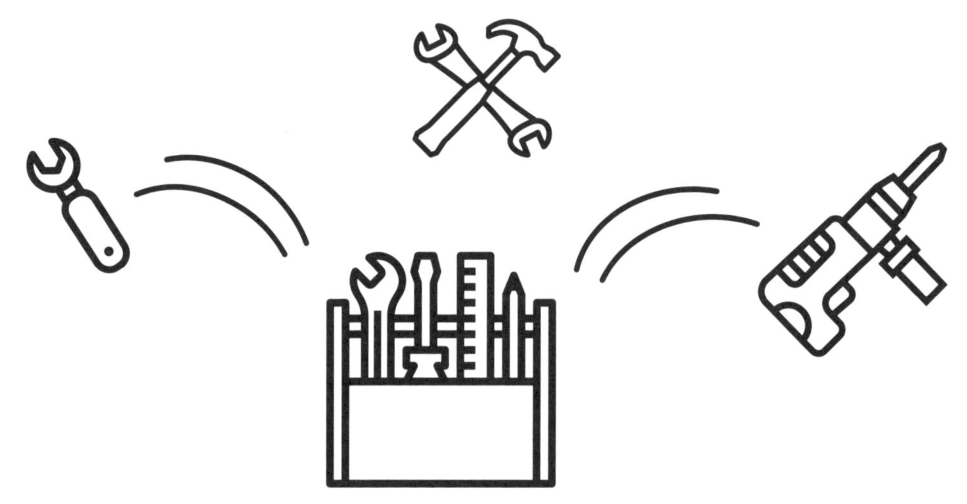

▶図6-3-1　TypeScriptでは型定義のための便利型が提供されている

型を用いたコーディングを進めていくと、既存型の一部のみを使いたいということがよくあります。前節で紹介したConditional Typesは、まさにそういった場合に有効です。

TypeScript プロジェクトでは、このような要望が頻繁に起こりますが、その都度、Conditional Typesを定義するのは冗長です。幸いなことに、TypeScriptでは汎用的に利用できる「組み込みUtility Types」が標準で提供されています。Utility Typesは**型のライブラリ**ということができ、独自に定義を作ることもできます。

これらの型を利用することで、ユースケースに応じた型の付与を手早く行えます。

6-3-1 従来の組み込みUtility Types

まずは、TypeScript 2.8以前から存在する「組み込みUtility Types」を紹介します。いずれも`import`を記述することなく利用できます。ここで紹介する型は、リスト6-3-1に示した既存の型に対して変換をかけるものとします。

▶リスト6-3-1　処理対象になる型

```
interface User {
  name: string
```

```
  age: number | null
  gender: 'male' | 'female' | 'other'
  birthplace?: string
}
```

■Readonly型

Object型のプロパティを、すべて**readonly**に変換し、新しい型を生成する型です。

▶リスト6-3-2 Readonly型を利用した変換

```
type ReadonlyWrapUser = Readonly<User>
```

▶リスト6-3-3 推論結果

```
type RequiredWrapUser = {
  readonly name: string
  readonly age: number | null
  readonly gender: "male" | "female" | "other"
  readonly birthplace?: string | undefined
}
```

■Partial型

Object型のプロパティを、すべて**optional**に変換し、新しい型を生成する型です。

▶リスト6-3-4 Partial型を利用した変換

```
type PartialWrapUser = Partial<User>
```

▶リスト6-3-5 推論結果

```
type PartialWrapUser = {
  name?: string | undefined
  age?: number | null | undefined
  gender?: "male" | "female" | "other" | undefined
  birthplace?: string | undefined
}
```

■Required型

Object型のプロパティから、すべて**optional**を取り除き、新しい型を生成する型です。

▶リスト6-3-6 Required型を利用した変換

```
type RequiredWrapUser = Required<User>
```

▶リスト6-3-7　推論結果

```
type RequiredWrapUser = {
  name: string
  age: number | null
  gender: "male" | "female" | "other"
  birthplace: string
}
```

■Record型

第一Genericsに指定したプロパティ名称で、新しいObject型を生成する型です。

▶リスト6-3-8　Record型を利用した変換

```
type UserRecord = Record<'user', User>
```

▶リスト6-3-9　推論結果

```
type UserRecord = {
  user: User
}
```

■Pick型

第二Genericsに指定した名称のプロパティ型を、第一Genericsに指定した型から抽出し、新しいObject型を生成する型です。

▶リスト6-3-10　Pick型を利用した変換

```
type UserGender = Pick<User, 'gender'>
```

▶リスト6-3-11　推論結果

```
type UserGender = {
  gender: 'male' | 'female' | 'other'
}
```

■Omit型

第二Genericsに指定した名称のプロパティ型を、第一Genericsから取り除き、新しいObject型を生成する型です。

▶リスト6-3-12　Omit型を利用した変換

```
type WithoutBirthplace = Omit<User, 'birthplace'>
```

ただし、**この組み込みUtility TypesはTypeScript 3.5で搭載される予定**であり、TypeScript 3.4以前では独自に実装する必要があります。

▶リスト6-3-13 TypeScript 3.4以前での実装

```
type Omit<T, K extends keyof T> = Pick<T, Exclude<keyof T, K>>
```

▶リスト6-3-14 推論結果

```
type WithoutBirthplace = {
  name: string
  age: number | null
  gender: 'male' | 'female' | 'other'
}
```

6-3-2 新しい組み込みUtility Types

TypeScript 2.8では、搭載された「Conditional Types」を活用したUtility Typesが追加されています。

■Exclude型

「**Exclude<T, U>**」は、T型からU型と互換性のある型を除き、新しい型を生成します。

▶リスト6-3-15 Excludeを利用した変換

```
type X = Exclude<"a" | "b", "b"> // "a"
type Y = Exclude<"a" | (() => void), Function> // "a"
```

■Extract型

「**Extract<T, U>**」は、T型からU型と互換性のある型を残し、新しい型を生成します。

▶リスト6-3-16 Extractを利用した変換

```
type X = Extract<"a" | "b", "b"> // "b"
type Y = Extract<"a" | (() => void), Function> // () => void
```

■NonNullable型

「**NonNullable<T>**」は、T型からnullおよびundefinedを除いた、新しい型を生成します。

▶リスト6-3-17 NonNullable型を利用した変換

```
type X = NonNullable<string | null | undefined> // string
```

■ReturnType型

「**ReturnType<T>**」は、関数型であるT型の戻り型を抽出し、新しい型を生成します。関数型以外をGenericsに指定した場合は、コンパイルエラーとなります。

▶リスト6-3-18　ReturnType型を利用した変換

```
type X = ReturnType<() => string> // string
type Y = ReturnType<string>        // Error!
```

■InstanceType型

「**InstanceType<T>**」は、コンストラクター関数型のインスタンス型を取得します。

▶リスト6-3-19　InstanceType型を利用した変換

```
class C {
  x = 0
  y = 0
}
type X = InstanceType<typeof C>
const n = {} as X // { x: number; y: number }
```

6-3-3　公式提唱Utility Types

TypeScript公式ドキュメントで提唱されてはいるものの、標準で組み込まれていない、便利な型定義を紹介しておきましょう。いずれも、TypeScript 2.8 から定義が可能になったUtility Typesです。

- **TypeScript 2.8**
  https://www.typescriptlang.org/docs/handbook/release-notes/typescript-2-8.html

■TypeName型

「**TypeName<T>**」は、Genericsに互換性のある型が適用された場合、それに対応するString Literal Typesを返却する型です。

▶リスト6-3-20　TypeName

```
type TypeName<T> =
    T extends string ? "string" :
    T extends number ? "number" :
    T extends boolean ? "boolean" :
    T extends undefined ? "undefined" :
    T extends Function ? "function" :
```

```
    "object"

type T0 = TypeName<string>      // "string"
type T1 = TypeName<"a">         // "string"
type T2 = TypeName<true>        // "boolean"
type T3 = TypeName<() => void>  // "function"
type T4 = TypeName<string[]>    // "object"
```

■FunctionProperties型

Mapped Typesを併用し、Object型から関数型のみのプロパティ名を抽出し、その名称を元に関数型のみの新しい型を作る型です。

▶リスト6-3-21 FunctionProperties

```
interface Part {
  id: number;
  name: string;
  subparts: Part[];
  updatePart(newName: string): void;
}

type FunctionPropertyNames<T> = {
  [K in keyof T]: T[K] extends Function ? K : never
}[keyof T]

type FunctionProperties<T> = Pick<T, FunctionPropertyNames<T>>

type X = FunctionPropertyNames<Part>;  // "updatePart"
type Y = FunctionProperties<Part>;     // { updatePart(newName: string): void }
```

■NonFunctionProperties型

Mapped Typesを併用し、Object型から関数型以外のプロパティ名を抽出し、その名称を元に関数型を除いた新しい型を作る型です。

▶リスト6-3-22 NonFunctionProperties

```
interface Part {
  id: number;
  name: string;
  subparts: Part[];
  updatePart(newName: string): void;
}

type NonFunctionPropertyNames<T> = {
  [K in keyof T]: T[K] extends Function ? never : K
```

```
}[keyof T]

type NonFunctionProperties<T> = Pick<T, NonFunctionPropertyNames<T>>

type X = NonFunctionPropertyNames<Part>;  // "id" | "name" | "subparts"
type Y = NonFunctionProperties<Part>;     // { id: number, name: string, subparts: Part[] }
```

Unpacked型

配列要素型、関数戻り型、Promise.resolve引数型を取得する型です。

▶リスト6-3-23　Unpacked

```
type Unpacked<T> =
    T extends (infer U)[] ? U :
    T extends (...args: any[]) => infer U ? U :
    T extends Promise<infer U> ? U :
    T

type T0 = Unpacked<string>  // string
type T1 = Unpacked<string[]>  // string
type T2 = Unpacked<() => string>  // string
type T3 = Unpacked<Promise<string>>  // string
type T4 = Unpacked<Promise<string>[]>  // Promise<string>
type T5 = Unpacked<Unpacked<Promise<string>[]>>  // string
```

6-3-4　再帰的なUtility Types

TypeScript 2.8以降では、Mapped TypesとConditional Typesを併用することで、再帰的な型変換が可能です。本項で紹介する型は、リスト6-3-24に示した既存の型に対して変換を行うものとします。

▶リスト6-3-24　処理対象になる型

```
interface User {
  name: string
  age: number
  gender: 'male' | 'female' | 'other'
  birth: {
    day: Date
    place?: {
      country?: string | null
      state?: string
    }
  }
}
```

■isPrimitive型

Object型およびArray型に該当するか否かを判定する型です（該当しなければPrimitive型とみなす）。再帰的な型変換に、この型を利用します。

▶リスト6-3-25　isPrimitive型

```
type Unbox<T> = T extends {[k: string]: infer U} ? U
              : T extends (infer U)[] ? U
              : T
type isPrimitive<T> = T extends Unbox<T> ? T : never
```

■DeepReadonly型

再帰的にReadonly変換する型です。

▶リスト6-3-26　DeepReadonly型

```
type DeepReadonly<T> = {
  readonly [P in keyof T]: T[P] extends isPrimitive<T[P]>
                         ? T[P]
                         : DeepReadonly<T[P]>
}
type DeepReadonlyWrapUser = DeepReadonly<User>
```

▶リスト6-3-27　推論結果

```
type DeepReadonlyWrapUser = {
  name: string
  readonly age: number
  readonly gender: 'male' | 'female' | 'other'
  readonly birth: {
    readonly day: Date
    readonly place?: {
      readonly country?: string | null
      readonly state?: string
    }
  }
}
```

■DeepRequired型

再帰的にRequired変換する型です。

▶リスト6-3-28　DeepRequired型

```
type DeepRequired<T> = {
```

```
  [P in keyof T]-?: T[P] extends isPrimitive<T[P]>
                  ? T[P]
                  : DeepRequired<T[P]>
}
type DeepRequiredWrapUser = DeepRequired<User>
```

▶リスト6-3-29 推論結果

```
type DeepRequiredWrapUser = {
  name: string
  age: number
  gender: 'male' | 'female' | 'other'
  birth: {
    day: Date
    place: {
      country: string | null
      state: string
    }
  }
}
```

■DeepPartial型

再帰的にPartial変換する型です。

▶リスト6-3-30 DeepPartial型

```
type DeepPartial<T> = {
  [P in keyof T]?: T[P] extends isPrimitive<T[P]>
                 ? T[P]
                 : DeepPartial<T[P]>
}
type DeepPartialWrapUser = DeepPartial<User>
```

▶リスト6-3-31 推論結果

```
type DeepPartialWrapUser = {
  name?: string | undefined
  age?: number | undefined
  gender?: 'male' | 'female' | 'other' | undefined
  birth?: {
    day?: Date | undefined
    place?: {
      country?: string | null | undefined
      state?: string | undefined
    } | undefined
  } | undefined
}
```

DeepNullable型

再帰的にNullable変換する型です。

▶ リスト6-3-32　DeepNullable型

```
type DeepNullable<T> = {
  [P in keyof T]?: T[P] extends isPrimitive<T[P]>
                 ? T[P] | null
                 : DeepNullable<T[P]>
}
type DeepNullableWrapUser = DeepNullable<User>
```

▶ リスト6-3-33　推論結果

```
type DeepNullableWrapUser = {
  name?: string | null | undefined
  age?: number | null | undefined
  gender?: 'male' | 'female' | 'other' | null | undefined
  birth?: {
    day?: Date | undefined
    place?: {
      country?: string | null | undefined
      state?: string | null | undefined
    } | null | undefined
  } | null | undefined
}
```

DeepNonNullable型

再帰的にNonNullable変換する型です。

▶ リスト6-3-34　DeepNonNullable型

```
type DeepNonNullable<T> = {
  [P in keyof T]-?: T[P] extends isPrimitive<T[P]>
                 ? Exclude<T[P], null | undefined>
                 : DeepNonNullable<T[P]>
}
type DeepNonNullableWrapUser = DeepNonNullable<User>
```

▶ リスト6-3-35　推論結果

```
type DeepNonNullableWrapUser = {
  name: string
  age: number
  gender: 'male' | 'female' | 'other'
  birth: {
```

```
    day: Date
    place: {
      country: string
      state: string
    }
  }
}
```

6-3-5 独自定義Utility Types

TypeScript 2.8で導入されたConditional Typesや、TypeScript 3.0で導入されたTuple Spreadにより、既存型からさまざまな型を抽出したり加工したりすることが可能です。

■Unbox型

オブジェクトの子ノードをUnion Typesで取得する型です。

▶リスト6-3-36　Unbox型

```
type Unbox<T> = T extends { [K in keyof T]: infer U } ? U : never
type T = Unbox<{ a: 'A'; b: 'B'; c: 'C' }>
```

▶リスト6-3-37　推論結果

```
type T = 'A' | 'B' | 'C'
```

■UnionToIntersection型

Union TypesをIntersection Typesに変換する型です。

▶リスト6-3-38　UnionToIntersection型

```
type UTI<T> = T extends any ? (args: T) => void : never
type UnionToIntersection<T> = UTI<T> extends (args: infer I) => void ? I : never
```

▶リスト6-3-39　利用例

```
type A_or_B = { a: 'a' } | { b: 'b' }
type A_and_B = UnionToIntersection<A_or_B>
// type A_and_B = { a: 'a' } & { b: 'b' }
```

■NonEmptyList型

Genericsに指定した型に該当する要素を、最低でも1つ含む必要がある型です。

▶リスト6-3-40　NonEmptyList型

```
type NonEmptyList<T> = [T, ...T[]]
```

▶リスト6-3-41　利用例

```
const list1: NonEmptyList<string> = [] // Error!
const list2: NonEmptyList<string> = ['test'] // No Error
```

■PickSet型

Setの値型を取得する型です。

▶リスト6-3-42　PickSet型

```
type PickSet<T> = T extends Set<infer I> ? I : never
```

値をUnion Typesで取得するためには、「const assertion」を利用します。

▶リスト6-3-43　利用例

```
const set = new Set([1, 2] as const)
type SetValues = PickSet<typeof set> // 1 | 2
```

■PickMapKeys型

Mapのキーを取得する型です。

▶リスト6-3-44　PickMapKeys型

```
const map = new Map([[0, 'foo'], [1, 'bar']] as const)
type PickMapKeys<T> = T extends Map<infer K, any> ? K : never
type MapKeys = PickMapKeys<typeof map>
```

▶リスト6-3-45　利用例

```
type MapKeys: 0 | 1
```

TypeScript

第2部

実践編

フレームワークやライブラリの技術選定において、それらがTypeScriptと「どれくらい親和性が高いか」という観点は重要です。「APIの型定義が充実しているか」ではなく「プロジェクトの定義を受け入れるか」という親和性です。フレームワークやライブラリは、作者・コミュニテイの思想の下に開発されています。「開発者が開発しやすいこと」「開発者が困惑しないこと」など、思想はさまざまです。JavaScriptは柔軟な構文によって、これらの思想を支えてきました。現状で、この柔軟さにTypeScriptの型推論が追従し切れないことは事実であり、すべてのフレームワーク・ライブラリにおいて、TypeScriptの導入ハードルが低いとは言い切れません。第2部「実践編」では、ライブラリ公式では明言されていない「現場での実践的な型定義」に加えて、「日々進化してきたTypeScriptの型推論とアイディア」で、型の課題を抱えたライブラリの課題解決に挑戦していきます。

第7章

ReactとTypeScript

Reactは、世界中のフロントエンドライブラリの中で、もっともダウンロード数の多いViewライブラリです。利用者数が多いためにコミュニティが活発で、型定義はもちろん、エコシステムなどが充実している点も見逃せません。本章では、「なぜReactがTypeScriptと親和性が高いのか」ということについて解説していきます。また、ライブラリに関連する高度な型定義を紹介します。

7-1 ReactでTypeScriptを使う利点

Reactは、Facebookの主導により開発されているViewコンポーネントライブラリで、コーディングにはJavaScriptの拡張構文であるJSXを用います。TypeScriptでJSXを記述する場合、拡張子を「`.tsx`」としてファイルを作成します。純関数とHTMLテンプレート構文が入り混じったJSXでは、型はどのように開発をサポートするのでしょうか。

本節では、ReactがTypeScriptの恩恵を享受するシーンを確認していきます。JSX（TSX）が、型システムと親和性が高いことが納得できるはずです。

▶図7-1-1　React（https://ja.reactjs.org/）

もっとも簡単な「ReactとTypeScriptを使った開発環境」の構築には、**Parcel**または**create-react-app**という2つの選択肢があります。どちらの開発環境もプロトタイプとしてはじめるには十分で、クライアントコードで完結するような場合は、これだけでプロダクションに利用できるほどです。学習においては最適な選択肢といえるでしょう。

7-1-1 最小限のReact開発環境（Parcel編）

開発サーバーの準備からビルド・アセットのダイジェスト付与までを、特別な設定ファイルを記述する必要なく構築できます。

▶コマンド7-1-1　dependenciesのインストール

```
$ npm i react react-dom
```

▶コマンド7-1-2　devDependenciesのインストール

```
$ npm i -D @types/react @types/react-dom parcel-bundler
```

次に、**tsc**コマンドなどで作成した**tsconfig.json**の**compilerOptions**に「**"jsx": "react"**」を追加します。ReactやTypeScriptのビルド設定は、これだけです。

▶リスト7-1-1　tsconfig.json

```
{
  "compilerOptions": {
    ...
    "jsx": "react"
  }
}
```

エントリーポイントになるHTMLファイルに「**<script src="./app.tsx"></script>**」と記述します。

▶リスト7-1-2　index.html

```
<!DOCTYPE html>
<html>
  <head>
    <script src="./app.tsx"></script>
  </head>
  <body>
   <div id="app"></div>
  </body>
</html>
```

▶リスト7-1-3　app.tsx

```
import * as React from 'react'
import { render } from 'react-dom'
render(<div>Hello world!</div>, document.getElementById('app'))
```

コマンド7-1-3のようにすると、「**http://localhost:1234**」に開発サーバーが立ち上がり、「**Hello world!**」が表示されます。

▶コマンド7-1-3　アプリケーションの起動

```
$ npx parcel index.html
```

7-1-2 最小限のReact開発環境（create-react-app編）

もう1つの方法として「create-react-app」を利用した開発環境があります。create-react-appを利用すると、コマンドラインだけで開発をはじめることができます。まずは、コマンドラインでcreate-react-appが利用できるように、グローバルインストールを行います。

▶コマンド7-1-4　create-react-appのインストール

```
$ npm install -g create-react-app
```

インストールが完了したら、次のコマンドでプロジェクトを作成します。**hello-world**はプロジェクト名称で、**--typescript**というオプションを付与すると、React × TypeScriptの雛形が作成されます。

▶コマンド7-1-5　React × TypeScriptの雛形の作成

```
$ create-react-app hello-world --typescript
```

プロジェクト構成は、次のようになっています。

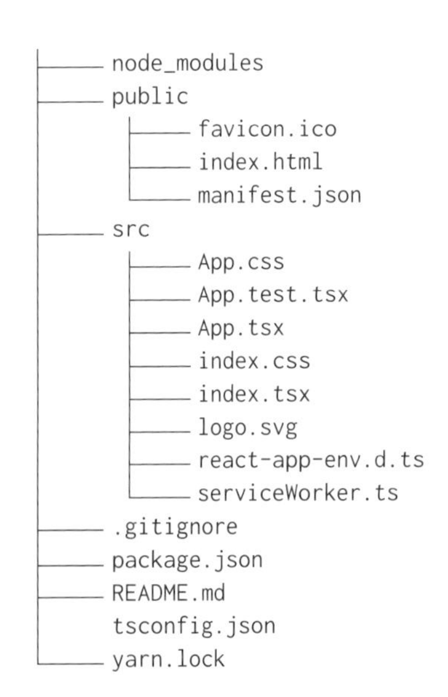

メッセージに表示されているとおり、「**yarn start**」を実行すると「**http://localhost:3000/**」でアプリケーションが起動します。create-react-appでは、**tsconfig.json**についても、あらかじめ設定された雛形が生成されます。

▶図7-1-2　create-react-app

7-1-3 目指すマークアップ出力

Reactでコンポーネントを作成する際、もっとも基本となる工程がマークアップです。テーブルを保持したコンポーネント表示するためには、データ構造を意識し、それに即したコンポーネント粒度に分割する実装が必要です。

リスト7-1-4のようなアンケートを表示するマークアップ出力を目指し、データ構造・型・コンポーネント粒度の関係について解説していきます。

▶リスト7-1-4　目指すマークアップ出力

```
<div>
  <div>
    <h1>健康意識に関する調査結果</h1>
  </div>
  <table>
    <thead>
      <tr>
        <th>対象世代</th>
        <th>十分に取り組んでいる</th>
        <th>近いうちに取り組みたい</th>
```

```
        <th>取り組んでいない</th>
        <th>必要ない</th>
      </tr>
    </thead>
    <tbody>
      <tr>
        <th>20～30歳</th>
        <td>18%</td>
        <td>22%</td>
        <td>37%</td>
        <td>23%</td>
      </tr>
      <tr>
        <th>30～40歳</th>
        <td>12%</td>
        <td>28%</td>
        <td>42%</td>
        <td>18%</td>
      </tr>
    </tbody>
  </table>
</div>
```

7-1-4 データ型を定義する

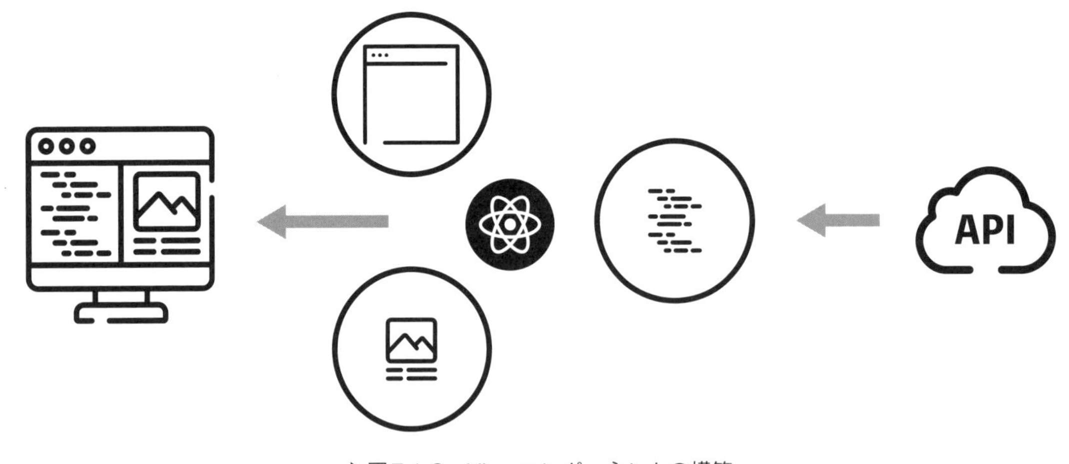

▶図7-1-3　Viewコンポーネントの構築

コンポーネントの開発は、表示するデータ型の考察からはじまります。実際にWebアプリケーションのフロントエンドの実装では、APIでデータを取得し、それを表示するという作業が大半を占めます。

ここでは解説のため、リスト7-1-5のようなモックデータを**data.ts**で定義し、表示します。配列がテーブルの行、オブジェクトが列として利用するデータと捉えるとわかりやすいでしょう。

▶リスト7-1-5　オリジナルのdata.ts

```
export const rows = [
  {
    id: 'up20-un30',
    generation: '20〜30歳',
    answers: [0.18, 0.22, 0.37, 0.23]
  },
  {
    id: 'up30-un40',
    generation: '30〜40歳',
    answers: [0.12, 0.28, 0.42, 0.18]
  }
]
```

このデータに対して型を付与すると、リスト7-1-6のように表せます。それぞれの世代に応じた行（**Row**）と、4つの回答比率を表しています（**answers: number[]**）。Tableデータを表すRows型も、あらかじめエクスポートしておきます。

▶リスト7-1-6　data.tsにデータ型を付与する

```
export type Row = {
  id: string
  generation: string
  answers: number[]
}
export type Rows = Row[]
```

このRows型をモックデータにアノテーションで付与します。Row型と異なるオブジェクトを含んだ場合、コンパイルエラーが得られることを確認できます。

▶リスト7-1-7　Rows型をモックデータにアノテーションで付与する

```
export const rows: Rows = [ // アノテーションで付与
  {
    id: 'up20-un30',
    generation: '20〜30歳',
    answers: [0.18, 0.22, 0.37, 0.23]
  },
  {
    id: 'up30-un40',
    generation: '30〜40歳',
```

```
    answers: [0.12, 0.28, 0.42, 0.18]
  }
]
```

7-1-5 コンポーネントを定義する

コンポーネントの粒度は、DOMツリー構造と取り扱うデータ構造から判断します。前項で定義したRow型・Rows型のように、型の粒度とコンポーネントの粒度を統一することで、管理しやすいコンポーネントを定義できます。

■trコンポーネント

まずは、テーブルの行を表示する「trコンポーネント」を作成します。**data.ts**で定義されているRow型を再度確認しましょう。

▶リスト7-1-8 data.tsで定義されているRow型

```
export type Row = {
  id: string
  generation: string
  answers: number[]
}
```

引数**props**は、このコンポーネントを利用する際に渡すプロパティを指します。**React.FC<Row>**というアノテーションを付与することで、この関数がReactコンポーネントであることを明示します。

Row型をGenericsで注入したことから、引数**props**は自動でRow型が付与されます。**props**を参照し、このデータを表示するためのコンポーネントは、リスト7-1-9のようになります。

▶リスト7-1-9 tr.tsx

```
import * as React from 'react'
import { Row } from '../data'
// ______________________________________________________
//
const Component: React.FC<Row> = props => (
  <tr>
    <th>{props.generation}</th>
    {props.answers.map((answer, i) => ( // answer: number
      <td key={i}>{`${answer * 100}%`}</td>
    ))}
  </tr>
)
// ______________________________________________________
```

```
//
export default Component
```

props.answersはnumber[]型であることが確約されているため、**Array.prototype.map**関数を利用でき、引数**answer**はnumber型であることが推論されています。

■tbodyコンポーネント

複数行を格納する「tbodyコンポーネント」は、**data.ts**で定義したRows型に相当します。

▶リスト7-1-10　data.tsで定義されているRows型

```
export type Rows = Row[]
```

先に定義した「trコンポーネント」をインポートし、行のデータをそのまま子コンポーネントに伝搬させます。spread演算子（**{...row}**）で、**row**に含まれる全プロパティを伝搬できます（①）。

▶リスト7-1-11　tbody.tsx

```
import * as React from 'react'
import { Rows } from '../data'
import TR from './tr'
// _______________________________________________________
//
type Props = {
  rows: Rows
}
// _______________________________________________________
//
const Component: React.FC<Props> = props => (
  <tbody>
    {props.rows.map(row => (
      <TR key={row.id} {...row} /> // ①
    ))}
  </tbody>
)
// _______________________________________________________
//
export default Component
```

ここでの**key**は、Reactコンポーネントをリストレンダリングする際に必要なユニークキーです。React.FC型を利用すれば、keyプロパティ型も含まれるため、keyプロパティ型をtrコンポーネントの型に付与する必要はありません。

■theadコンポーネント

この例では、theadに含まれる要素は固定であるため、コンポーネントはハードコーディングで必要十分です。

▶リスト7-1-12　thead.tsx

```
import * as React from 'react'
// ------------------------------------------------------
//
const Component: React.FC = () => (
  <thead>
    <tr>
      <th>対象世代</th>
      <th>取り組んでいる</th>
      <th>近いうちに取り組みたい</th>
      <th>取り組んでいない</th>
      <th>必要ない</th>
    </tr>
  </thead>
)
// ------------------------------------------------------
//
export default Component
```

■コンポーネントの組み上げとデータ注入

ここまでで、データの型に沿った粒度の小さいコンポーネントが完成しました。このコンポーネントを、親コンポーネントで組み上げます。そして、親コンポーネントで先のモックデータを注入します（②）。

▶リスト7-1-13　index.tsx

```
import * as React from 'react'
import { rows } from './data'
import Thead from './table/thead'
import Tbody from './table/tbody'
// ------------------------------------------------------
//
const Component: React.FC = () => (
  <div>
    <h1>健康に関する調査</h1>
    <table>
      <Thead />
      <Tbody rows={rows}/> // ②
    </table>
  </div>
)
// ------------------------------------------------------
```

```
//
export default Component
```

この注入作業が行われない場合、TypeScriptのコンパイルエラーを得ることができます。なぜなら、**tbodyコンポーネントは、引数（props）に「rows: Rows」を含むことを要求しているから**です。そのため、**propsに過不足がある場合はエラーとなります。**

このようなボトムアップのコーディングを行ことによって、粒度の小さなコンポーネントから大きなコンポーネントを構成するまでの間、型システムが**props**の整合性を担保します。

7-1-6 データ型をリファクタリングする

表示するデータの型が、さまざまな事情から変更になることもよくあります。たとえば、REST APIのレスポンススキーマが変更になったり、期待していた値のほかに**null**が与えられる可能性が判明した場合などです。今回の例でいうと、次のような変更です。

- プロパティ **generation**が**age**に改名された
- 回答が得られていないケースが発覚し、**null**を考慮する必要が発生した

このようなケースでリファクタリングを行う際、十分に考慮をしなければ、事故につながる危険性があります。また、想定していた影響範囲外でデータの依存があった場合、気づかずにリリースしてしまうこともあります。

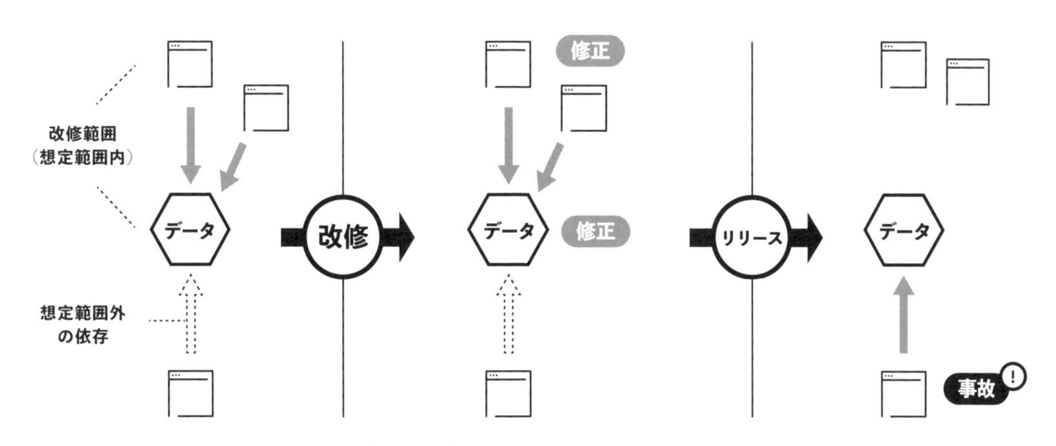

▶図7-1-4　想定外の依存で発生しうるリファクタリングの事故

型システムを導入すると、このような憂慮の多くを払拭できます。どのようにしてエラーに気づくことができるのか、実際にモックデータをリファクタリングして確認してみましょう。

■型定義修正から始まるリファクタリング

型定義がある場合、何よりも先に型定義を修正するところから始まります。Row型を改変することで、さっそくRows型を付与した`const rows`がコンパイルエラーになっているので修正します。

▶リスト7-1-14　Row型の修正から始まるリファクタリング

```
export type Row = {
  id: string
  age: string // <- はじめに変更する箇所
  answers: (number | null)[] // <- はじめに変更する箇所
}
export type Rows = Row[]
// ______________________________________________________
//
export const rows: Rows = [
  {
    id: 'up20-un30',
    age: '20～30歳', // <- 次に変更する箇所
    answers: [0.18, 0.22, 0.37, 0.23]
  },
  {
    id: 'up30-un40',
    age: '30～40歳', // <- 次に変更する箇所
    answers: [0.12, 0.28, 0.42, 0.18]
  },
  { // 追加したモックデータ
    id: 'up50-un60',
    age: '50～60歳',
    answers: [null, null, null, null]
  }
]
```

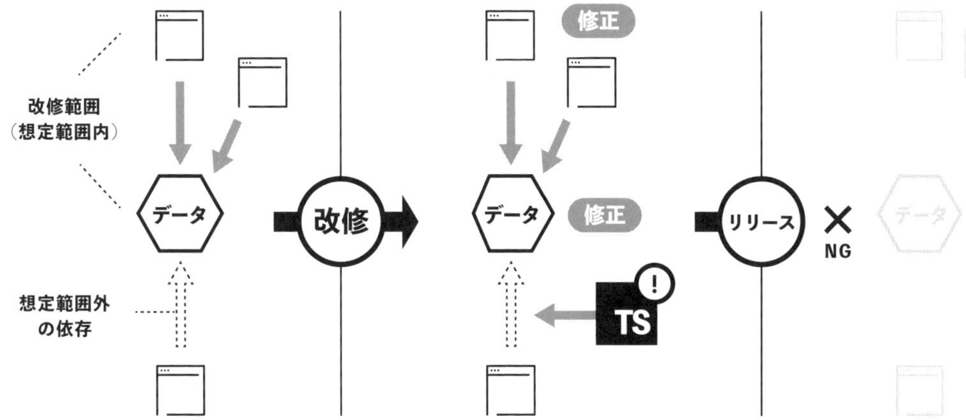

▶図7-1-5　エディターで即座に気づくことができる型の不整合

リスト7-1-14のように行ったリファクタリングのあと、VS Codeなどのエディターでは、即座に問題のあるコードが含まれるファイル（**tr.tsx**）がツリービューで赤く警告されることに気がつくでしょう。問題のある部分を見てみると、①では**props**にその値が存在しない（**age**に改名した）ことを、②では**answer**が**null**である可能性があることが警告されています。

▶ リスト7-1-15　TypeScriptの警告で、即座に気づくことができる修正すべき箇所

```
import * as React from 'react'
import { Row } from '../data'
// ------------------------------------------------------
//
const Component: React.FC<Row> = props => (
  <tr>
    <th>{props.generation}</th> // ① Error!
    {props.answers.map((answer, i) => (
      <td key={i}>{`${answer * 100}%`}</td> // ② Error!
    ))}
  </tr>
)
// ------------------------------------------------------
//
export default Component
```

■型が教えてくれた考慮漏れを汲み取って修正する

関数（**TSX**）で記述されたコンポーネントは、このようにして型に守られます。**このエラーが得られることこそ、ReactでTypeScriptを利用する最大の価値**といえます。コンポーネントの末端まで関数で表現するため、TypeScriptが隅々まで型推論を行うことができるのです。

この問題のあるコードをリスト7-1-16のように修正します。

▶リスト7-1-16　tr.tsxの修正

```
import * as React from 'react'
import { Row } from '../data'
// ______________________________________________________
//
const Component: React.FC<Row> = props => (
  <tr>
    <th>{props.age}</th> // ③
    {props.answers.map((answer, i) => {
      if (answer === null) return <td key={i}>{'-'}</td> // ④
      return <td key={i}>{`${answer * 100}%`}</td> // ⑤
    })}
  </tr>
)
// ______________________________________________________
//
export default Component
```

まずは、③のプロパティ名称が変更になったことを反映しています。**props.**まで入力すると、VS Codeなどのエディターではコードヒントが表示されることも、開発効率の向上につながるでしょう。そして、④の早期returnにより、Nullableな値を安全に扱うように変更しました。⑤では、**answer**はnumber型に絞り込まれるため、ランタイム上でも問題となることはありません。

実装が小さい範囲で把握できているのであれば、このような問題にすぐに気がつくでしょう。しかし、大規模なアプリケーションになるにつれ、データとコンポーネントは膨大な数になるため、問題の発見が難しくなります。今回のようなエラーを事前に検知できる型システムがあれば、既存のコードをリファクタリングしながら実装を進めることができます。コンポーネントを健全・安全にリファクタリングできることは、JSX（TSX）の大きなメリットです。

7-2 React Hooksと型

従来、コンポーネントに状態を持たせるためには、クラスベースで記述するReact.ComponentやReact.PureComponentを利用する必要がありました。アプリケーション設計において、**「状態管理」をどこに・どのように持たせるのかということは大きな課題**です。

そんな中、関数コンポーネント（Function Component）のみでも状態を持たせることができる「**Hooks API**」が2019年2月にReactに搭載されました。これにより、Function Componentであっても「必要に応じて状態を加える」ことが手軽になりました。

これまで多くの文献で紹介されていたReact.Componentを利用したコードは、今後、Hooks APIを用いた関数コンポーネントに置き換わっていくと予想されます。

本節では、Hooks APIの利用方を簡単に紹介しながら、その型定義について解説していきます。まずは、React × TypeScriptのコーディングを進める上で、迷いやすい「Function Componentの型」と「イベントハンドラーの引数型」の型指定の方法について学んでいきます。

7-2-1 Function Componentの型

Reactコンポーネント作成の慣習として、`props.children`はよく知られた参照プロパティです。次のように、React.Element作成関数は、子ノードのコンポーネントをレンダリングする機能を有しています。この場合、引数の`props`は型が不明であるため、any型として扱われてしまいます。`tsconfig`の`noImplicitAny`が有効の場合、ここでエラーが発生します。

▶リスト7-2-1 sample.tsx

```
import * as React from 'react'
const Child = props => ( // Error!
  <div>{props.children}</div>
)
const Parent = props => ( // Error!
  <Child>
    {props.childLabel}
  </Child>
)
```

この**props**に型を付与するため、次のようにProps型定義を追加し、**props**引数の型として付与します。

▶ リスト7-2-2 sample.tsxの修正点

```
import * as React from 'react'
type Props = {
  children?: React.ReactNode
}
const Child = (props: Props) => (
  <div>{props.children}</div>
)
const Parent = (props: Props & { childLabel: string }) => (
  <Child>
    {props.childLabel}
  </Child>
)
```

■React.FC

このように、**props.children**は、Function Componentにおいて頻繁に参照されるプロパティです。また、上の例ではParentコンポーネントのprops引数型はIntersection Types（**&**）で合成しており、汎用的な指定とするには冗長な記述です。

そこで、前節でも利用したFunction Componentのために用意された「React.FC型」を利用します。冒頭でインストールした「**@types/react**」で提供されています。

▶ リスト7-2-3 sample.tsxの修正点

```
import * as React from 'react'
const Child: React.FC = props => ( // ①
  <div>{props.children}</div>      // ②
)
const Parent: React.FC<{ childLabel: string }> = props => (
  <Child>
    {props.childLabel}
  </Child>
)
```

React.FC型を利用すると「**children?: React.ReactNode**」が**props**に自動で付与されます。そのため、リスト7-2-3の①・②でコンパイルエラーが発生することはありません。

また、**React.FC<props>**のようにして、Genericsに**props**の型を指定することで、コンポーネントのpropsに対応する型を付与できます。

Column 一同じ型でも非推奨となってしまったSFC型

まったく同じ振る舞いを提供する型として、次の型も用意されています。ただし、`React.StatelessComponent`と`React.SFC`は非推奨となっているため注意してください（`@types/react: 16.7.20`）。

- React.FunctionComponent
- React.StatelessComponent
- React.SFC

これらの型は、名前は違いますが、まったく同じ型定義のエイリアスです（React.FunctionComponentが実態で、React.FCがエイリアス）。従来、関数コンポーネントは状態を持てなかったため「Stateless」と称されていましたが、Hooks APIの登場で概念が覆りました。その影響が、この型名称にも反映されているというわけです。

7-2-2 イベントハンドラーの引数型

DOMで発生するイベントハンドラーの引数型を指定するためには、React固有のイベント型を利用する必要があります。DOMで発生したイベントは、すべて「Synthetic Event」として扱われるためです※1。したがって、イベントハンドラーの引数型指定はやや長くなり、調べるのは一苦労です。そんなときには、次のように確認するとよいでしょう。

■対象要素の型推論から確認する

たとえば、button要素の`onClcik`イベントハンドラー引数型を調べるためには、次のように`onClick`まで記述すると、VS Codeなどのエディターが与えるべき型を教えてくれます。

```
const Compon (JSX attribute) React.DOMAttributes<HTMLButtonElement>.onClick?: (e
  <div>      vent: React.MouseEvent<HTMLButtonElement, MouseEvent>) => void
    <button onClick={}></button>
  </div>
)
```

▶図7-2-1 VS Codeで確認できる型

この場合、「React.MouseEvent<HTMLButtonElement, MouseEvent>」がeventの型です。このように、型推論に頼れることも、型が活きたドキュメントであると呼ばれる所以です。React.MouseEventは`@types/react`で提供されている型で、HTMLButtonElementおよびMouseEventはTypeScript（`lib.dom.d.ts`）で提供されている型です。`lib.dom.d.ts`で提供されている型はglobal定義されているため、明示的にインポートする必要はありません。

※1 https://reactjs.org/docs/events.html

Column ―Reactで衝突する型の「named import」

MouseEvent型は**lib.dom.d.ts**からだけではなく、**@types/react**からも提供されています。named importを利用してしまうと、この型定義が衝突してしまうため、注意が必要です。

```
import React from 'react'
import { MouseEvent } from 'react' // ① <- よくない例
type Props = {
  handleClick: (event: React.MouseEvent<HTMLButtonElement, MouseEvent>) => void
}
```

「React.MouseEvent<HTMLButtonElement, MouseEvent>」の指定の場合、Genericsの2番目の型は**lib.dom.d.ts**で定義されている型を期待しています。これが、①のnamed importと衝突し、予期せぬエラーの原因となってしまいます。

なお、**@types/react**と**lib.dom.d.ts**で衝突する型名称は、次のとおりです。慣習として、Reactの型はnamed importを避けることが無難です。

- ClipboardEvent
- CompositionEvent
- DragEvent
- PointerEvent
- FocusEvent
- KeyboardEvent
- MouseEvent
- TouchEvent
- UIEvent
- WheelEvent
- AnimationEvent
- TransitionEvent

7-2-3 useState

次の例は、もっとも単純なインクリメントカウンターです。

useStateで得られるTuple（**[count, setCount]**）には、引数に与えた値から型推論が適用されます。リスト7-2-4の変数**count**に付与される型はnumber型です。

▶リスト7-2-4　component.tsx

```
const Component: React.FC = () => {
  const [count, setCount] = useState(0) // const count: number
  const handleClick = useCallback(() => {
    setCount(count + 1)
  }, [count])
```

```
  return (
    <div>
      <p>{count}</p>
      <button onClick={handleClick}>+1</button>
    </div>
  )
}
```

状態更新関数である**setCount**にもnumber型による制約が付与されています。number型の値、またはnumber型を返却する関数のみを指定できます。これ以外の引数渡しを試みた場合、コンパイルエラーを得ることができます。

▶リスト7-2-5 component.tsx

```
const Component: React.FC = () => {
  const [count, setCount] = useState(0)
  const handleClick = useCallback(() => {
    setCount('0') // Error!
    setCount(prev => '3') // Error!
    setCount(prev => prev + 1)
  },[count])
  return (
    <div>
      <p>{count}</p>
      <button onClick={handleClick}>+1</button>
    </div>
  )
}
```

関数**setCount**の型は「React.Dispatch<React.SetStateAction<number>>」です。**@types/react**で提供されている型を確認すると、次の2つから構成されていることがわかります。

▶リスト7-2-6 @types/reactで定義されている更新関数の型

```
type Dispatch<A> = (value: A) => void;
type SetStateAction<S> = S | ((prevState: S) => S)
```

■Nullable型の指定

stateをNullableにしたい場合、Genericsによる指定かアサーションによる指定を行います。両者に違いはありません。値がUnion Typesであってほしい場合は、このような付与が必要になります。

▶リスト7-2-7　setStateで扱う値をNullable型とする

```
const [count1, setCount1] = useState<number | null>(0)
const [count2, setCount2] = useState(0 as number | null)
```

7-2-4 useMemo

useMemoは、値のメモ化に利用するAPIです。「メモ化」とは、特定の値を算出する際に、算出に依存している値に変化がなければ計算済みの値を返却する機構のことです。これにより、実行コストを削減することが可能になり、パフォーマンスの向上につながります。

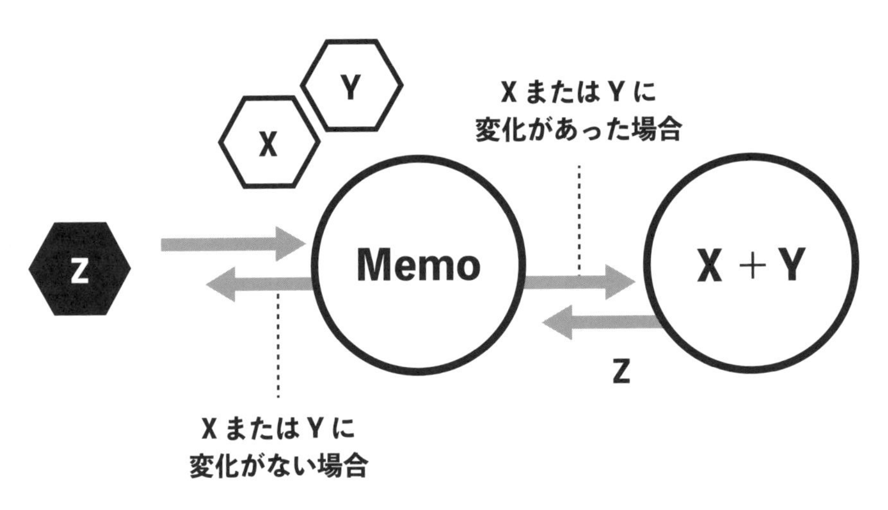

▶図7-2-2　メモ化の概念

リスト7-2-8は、①は値**count**が変化するたびに、②はメモ化された値**double**が変化するたびに、再計算（ファクトリ関数）が再実行される例です。

useMemoを利用すると、引数に与えた「関数戻り型」を推論します。**double**にはnumber型が、**doubleWithUnit**にはstring型が、それぞれ適用されます。

▶ リスト7-2-8 component.tsx

```
import React, { useState, useCallback, useMemo } from 'react'
// ______________________________________________________
//
const Component: React.FC = () => {
  const [count, setCount] = useState(0)
  const double = useMemo(() => count * 2, [count]) // ① 関数戻り型は number
  const doubleWithUnit = useMemo(() => `${double} pt`, [double]) // ② 関数戻り型は string
  const handleClick = useCallback(() => {
    setCount(prev => prev + 1)
  }, [])
  return (
    <div>
      <p>count : {count}</p>
      <p>double : {double}</p>
      <p>doubleWithUnit : {doubleWithUnit}</p>
      <button onClick={handleClick}>+1</button>
    </div>
  )
}
// ______________________________________________________
//
export default Component
```

@types/reactで提供されている型定義は、リスト7-2-9に示したとおりです。ファクトリ関数の戻り型が推論適用されるように指定されています。

▶ リスト7-2-9 node_modules/@types/react/index.d.ts

```
function useMemo<T>(factory: () => T, deps: DependencyList): T;
```

useMemoも、**useState**と同様に、Generics指定やアサーション付与でNullable型を扱うことができます。

▶ リスト7-2-10 component.tsx

```
import React, { useState, useCallback, useMemo } from 'react'
// ______________________________________________________
//
const Component: React.FC = () => {
  const [count, setCount] = useState<number | null>(0)
  const double = useMemo<number | null>(() => {
    if (count === null) return null
    return count * 2
  }, [count])
  const doubleWithUnit = useMemo<string | null>(() => {
    if (count === null) return null
```

```
    return `${double} pt`
  }, [double])
  const handleClick = useCallback(() => {
    setCount(prev => {
      if (prev === null) return 0
      return prev + 1
    })
  }, [])
  return (
    <div>
      <p>count : {count}</p>
      <p>double : {double}</p>
      <p>doubleWithUnit : {doubleWithUnit}</p>
      <button onClick={handleClick}>+1</button>
    </div>
  )
}
// ------------------------------------------------------
//
export default Component
```

7-2-5 useCallback

useCallbackは、React.Elementにバインドするイベントハンドラーのメモ化に利用します。

リスト7-2-11は、要素が押下された時に、その座標を表示するものです。マウスイベントのコールバック関数を、Hooks API使用層（Container）とPresentational層（Component）に分離しています。着目すべきは、**React.MouseEvent**の指定要素を**HTMLElement**としている点です。

div要素やp要素に対して、**HTMLDivElement**や**HTMLParagraphElement**ではなく、より広義な**HTMLElement**を指定することで、型制約を緩くしています。**handleClick**関数は、button要素を**onClick**にバインドすることでもコンパイルが通りますが、型によりアクセスできるプロパティが限定されます。

冒頭で紹介した「**対象要素の型推論から確認する**」を併用しながら、型の抽象度をコントロールすることで、目的に沿った型指定を行います。

▶リスト7-2-11　component.tsx

```
import React from 'react'
import { useState, useCallback } from 'react'
// ------------------------------------------------------
//
type Props = {
  clickedX: number
  clickedY: number
  handleClick: (event: React.MouseEvent<HTMLElement, MouseEvent>) => void
}
```

```
// ------------------------------------------------------
//
const Component: React.FC<Props> = props => (
  <div>
    <div
      style={{ width: 100, height: 100, background: '#ccf' }}
      onClick={props.handleClick}
    />
    <p
      style={{ width: 100, height: 100, background: '#fcc' }}
      onClick={props.handleClick}
    />
    <p>X: {props.clickedX}</p>
    <p>Y: {props.clickedY}</p>
  </div>
)
// ------------------------------------------------------
//
const Container: React.FC = () => {
  const [state, update] = useState({
    clickedX: 0,
    clickedY: 0
  })
  const handleClick = useCallback(
    (event: React.MouseEvent<HTMLElement, MouseEvent>) => {
      event.persist()
      const { top, left } = event.currentTarget.getBoundingClientRect()
      update(prev => ({
        ...prev,
        clickedX: event.clientX - left,
        clickedY: event.clientY - top
      }))
    },
    []
  )
  return (
    <Component
      clickedX={state.clickedX}
      clickedY={state.clickedY}
      handleClick={handleClick}
    />
  )
}
// ------------------------------------------------------
//
export default Container
```

7-2-6 useEffect

useEffectは、従来のコンポーネントライフサイクルで行っていた処理相当を行うのに適しています。リスト7-2-12のコンポーネントは、マウントされてから毎秒インクリメントを行うものです。

▶リスト7-2-12　component.tsx

```
import React, { useState, useEffect } from 'react'
// ----------------------------------------------------------
//
const Component: React.FC = () => {
  const [count, setCount] = useState(0)
  useEffect(() => {
    const interval = setInterval(() => {
      setCount(count + 1)
    }, 1000)
    return () => clearInterval(interval)
  })
  return (
    <div>{count}</div>
  )
}
// ----------------------------------------------------------
//
export default Component
```

@types/reactで提供されている**useEffect**の型定義は、次のようになっています。EffectCallback型は、**useEffect**に指定するハンドラー関数です。期待する戻り型がvoid型または「() => void ¦ undefined型」です。そのため、型に該当しない値を返すとコンパイルエラーとなります。

▶リスト7-2-13　node_modules/@types/react/index.d.ts

```
type EffectCallback = () => (void | (() => void | undefined));
function useEffect(effect: EffectCallback, deps?: DependencyList): void;
```

「**() => void | undefined**」は、アンマウント時に実行されるクリーンナップ関数を表しています。冒頭の例のように**clearInterval**を適用しなければ、このコンポーネントはマウントされるたびにインターバル関数が登録されてしまうため、クリーンナップ関数が必要です（クリーンナップ関数を返却すべきかどうかの判断については、型は関与しません）。

7-2-7 useRef

従来、**ref**を用いたDOM要素アクセスは、React.Componentなどのクラスコンポーネントのみで可能でした。**useRef**を利用すると、Function Componentでも、DOM要素にアクセスできます。

リスト7-2-14では、矩形サイズを取得しています。

▶ リスト7-2-14 component.tsx

```
import React, { useRef, useEffect } from 'react'
// ______________________________________________________
//
const Component: React.FC = () => {
  const ref = useRef<null | HTMLDivElement>(null)
  useEffect(() => {
    if (ref.current === null) return
    const size = ref.current.getBoundingClientRect()
    console.log(size)
  })
  return (
    <div>
      <div ref={ref} style={{ width: 100, height: 100 }}></div>
    </div>
  )
}
// ______________________________________________________
//
export default Component
```

@types/reactで提供されている**useRef**の型定義は、リスト7-2-15のようになっています。このコンポーネントがマウントされて描画されるまで、**ref**を参照できません。そのため、このユースケースの場合は、必ず「**null | HTMLDivElement**」のような型の付与が必要であり、初期値は**null**になります。

▶ リスト7-2-15 node_modules/@types/react/index.d.ts

```
interface MutableRefObject<T> {
  current: T;
}
interface RefObject<T> {
  readonly current: T | null;
}
function useRef<T>(initialValue: T): MutableRefObject<T>;
function useRef<T>(initialValue: T | null): RefObject<T>;
function useRef<T = undefined>(): MutableRefObject<T | undefined>;
```

7-2-8 useReducer

Reactアプリケーションの状態管理として、「Flux」というデータフローアーキテクチャを聞いたことがあるでしょう。**useReducer**は、そのデータフローアーキテクチャをReact単体で扱うことができるAPIです。**useReducer**の第一引数には、**Reducer**関数を与えます。

▶リスト7-2-16　component.tsx

```
import React, { useReducer } from 'react'
import { reducer, initialState } from './reducer'
// ______________________________________________________
//
const Component: React.FC = () => {
  const [state, dispatch] = useReducer(reducer, initialState)
  return (
    <>
      Count: {state.count}
      <button onClick={() => dispatch({ type: 'increment' })}>+</button>
      <button onClick={() => dispatch({ type: 'decrement' })}>-</button>
    </>
  )
}
// ______________________________________________________
//
export default Component
```

引数に与えている**Reducer**関数の定義は、リスト7-2-17のようになっています。**Reducer**関数の第二引数の**action**にはany型を付与していますが、適切とはいえません。この型をどのように定義するべきかは、あとの節で解説します。

▶リスト7-2-17　reducer.ts

```
type State = {
  count: number
  unit: string
}
// ______________________________________________________
//
export const initialState: State = {
  count: 0,
  unit: 'pt'
}
export function reducer(state: State, action: any): State {
  switch (action.type) {
    case 'increment':
```

```
      return { ...state, count: state.count + 1 }
    case 'decrement':
      return { ...state, count: state.count - 1 }
    default:
      throw new Error()
  }
}
```

useReducerの第二引数は、**Reducer**関数の第一引数に与えている State型と一致している必要があります。それを制約する**useReducer**の型定義は、リスト7-2-18のとおりです。「Type inferance in conditional types」を利用した型定義であるため、読み解くのは、やや難易度の高い定義といえるかもしれません。

▶リスト7-2-18　node_modules/@types/react/index.d.ts

```
type Reducer<S, A> = (prevState: S, action: A) => S;
type ReducerState<R extends Reducer<any, any>> = R extends Reducer<infer S, any> ? S : neve
r;
type ReducerAction<R extends Reducer<any, any>> = R extends Reducer<any, infer A> ? A : nev
er;
function useReducer<R extends Reducer<any, any>>(
        reducer: R,
        initialState: ReducerState<R>,
        initializer?: undefined
    ): [ReducerState<R>, Dispatch<ReducerAction<R>>];
```

7-3 Reducerの型定義

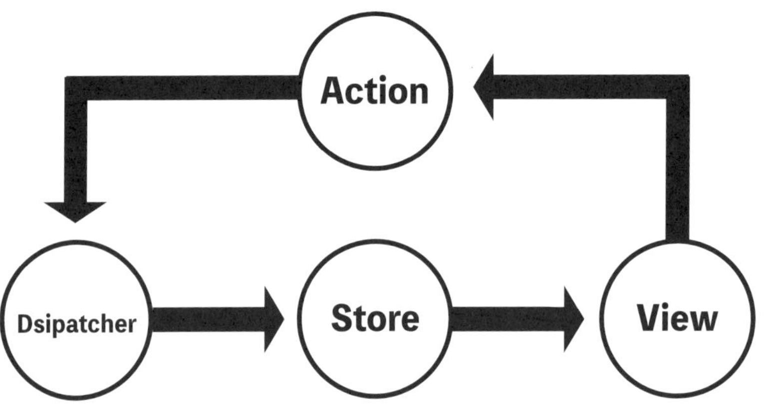

▶図7-3-1 Fluxの概念

Hooks APIに追加されたuseReducerにより、Fluxと同等のデータフローをReact単体で構築できるようになりました。Flux実装のもっとも代表的なライブラリとして「Redux」※2があります。Reduxは「Reducer／ActionTypes／ActionCreators」で構成されますが、useReducerを使用する際も、同様のファイル構成が前提になるでしょう。

以前は、Redux Actionと型定義は、相性のよいものではありませんでした。そのため、サードパーティ製のヘルパーモジュールを利用して型定義を行うなど、コミュニティからさまざまな解決策が提案されました。しかし、そういったヘルパーモジュールは、TypeScriptの進化によって不要となりました。

ここでは、Conditioal Typesによる強力な推論と、TypeScript 3.4で追加された「const assertion」を利用することで、関数定義からActionの型を導出するテクニックを解説します。

7-3-1 Actionの概要と要件

Fluxパターンにおいて、Storeが保持するStateを変更できるのはReducerだけです。Reducerは、発生したActionを各々のユースケースに適合した形に整え、変化を適用します。このとき、Actionに求められる要件は「発生するActionは一意であり、一意のActionTypeとpayloadが対であること」です。

前節のインクリメントカウンターで求められるActions型を1つひとつ型定義を行うと、リスト7-3-1のようになります。

※2 https://redux.js.org/

▶リスト7-3-1 legacyActions.ts

```
type IncrementAction = {
  type: "INCREMENT"
}
type DecrementAction = {
  type: "DECREMENT"
}
type SetCountAction = {
  type: "SET_COUNT"
  payload: { amount: number }
}
type Actions = IncrementAction | DecrementAction | SetCountAction
```

■Reducerにおける型安全

Reducerにおける型安全は、「4-3 絞り込み構文による型安全」で解説した「Discriminated Union」を利用します。ActionTypeはString Literal Typesのタグとして機能するため、次のReducerは**action.payload.amount**がnumber型であると絞り込むことができます。

▶リスト7-3-2 reducer.ts

```
function reducer(state: State, action: Actions): State {
  switch (action.type) {
    case "INCREMENT":
      return { ...state, count: state.count + 1 }
    case "DECREMENT":
      return { ...state, count: state.count - 1 }
    case "SET_COUNT":
      return { ...state, count: action.payload.amount }
    default:
      throw new Error()
  }
}
```

■従来のActions型定義

それぞれのActionに含まれるActionTypeは、プロジェクトにおいて一意である必要があります。そのため、スコープを絞る必要があり、実際にはこれよりももっと長い文字列が要求されます。多くのプロジェクトでは、次のようにしてActionTypesが管理されています。

▶リスト7-3-3 legacyActionTypes.ts

```
export const INCREMENT = "LONG_PREFIX_INCREMENT" as "LONG_PREFIX_INCREMENT"
export const DECREMENT = "LONG_PREFIX_DECREMENT" as "LONG_PREFIX_DECREMENT"
export const SET_COUNT = "LONG_PREFIX_SET_COUNT" as "LONG_PREFIX_SET_COUNT"
```

第1部
第1章
第2章
第3章
第4章
第5章
第6章
第2部
第7章
第8章
第9章
第10章
第11章

これを先のActions型に適用すると、次のようになります。

▶リスト7-3-4　legacyActions.ts

```
import * as types from './legacyActionTypes'
export type IncrementAction = {
  type: typeof types.INCREMENT
}
export type DecrementAction = {
  type: typeof types.DECREMENT
}
export type SetCountAction = {
  type: typeof types.SET_COUNT
  payload: { amount: number }
}
export type Actions = IncrementAction | DecrementAction | SetCountAction
```

そして、ActionCreatorsに型を適用します。

▶リスト7-3-5　legacyactionCreators.ts

```
import * as types from './legacyActionTypes'
import * as Actions from './legacyActions'

export function increment(): Actions.IncrementAction {
  return { type: types.INCREMENT }
}
export function decrement(): Actions.DecrementAction {
  return { type: types.DECREMENT }
}
export function setCount(amount: number): Actions.SetCountAction {
  return { type: types.SET_COUNT, payload: { amount } }
}
```

ここからさらに、先のReducerを記述しなければなりません。非常に単純なインクリメントカウンターでさえ、これだけのコード量になるため、不慣れなプログラマーなら嫌気がさしてしまうかもしれません。

型安全であることは重要ですが、これでは開発効率はよくありません。こういった冗長な型定義の課題を、TypeScriptの新しい機能で解決していきます。

7-3-2　ActionTypesの定義

まずは、冗長なActionTypesから解決していきます。Widening挙動により、**const**として宣言するだけでは、期待する機能を果たせませんでした。見ての通り、まったく同じ文字列のアサーションは、とても冗長です。

▶ リスト7-3-6 legacyActionTypes.ts

```
export const INCREMENT = "LONG_PREFIX_INCREMENT" as "LONG_PREFIX_INCREMENT"
export const DECREMENT = "LONG_PREFIX_DECREMENT" as "LONG_PREFIX_DECREMENT"
export const SET_COUNT = "LONG_PREFIX_SET_COUNT" as "LONG_PREFIX_SET_COUNT"
```

TypeScript 3.4の新機能として、「**const assertion**」が追加されました。**as const**シグネチャを付与するだけで、期待する型を付与した変数が得られます。

▶ リスト7-3-7 actionTypes.ts

```
export const INCREMENT = "LONG_PREFIX_INCREMENT" as const
export const DECREMENT = "LONG_PREFIX_DECREMENT" as const
export const SET_COUNT = "LONG_PREFIX_SET_COUNT" as const
```

さらに手短に宣言することも可能です。

▶ リスト7-3-8 actionTypes.ts

```
export = {
  INCREMENT: 'LONG_PREFIX_INCREMENT',
  DECREMENT: 'LONG_PREFIX_DECREMENT',
  SET_COUNT: 'LONG_PREFIX_SET_COUNT'
} as const
```

7-3-3 ActionCreatorsの定義

前項で定義したActionTypesを利用して、ActionCreatorsを定義します。ActionTypeは「String Literal Types」として成立しているので、型情報として必要な定義はActionCreatorの引数型のみです。

▶ リスト7-3-9 actionCreators.ts

```
import types from './actionTypes'
export function increment() {
  return { type: types.INCREMENT }
}
export function decrement() {
  return { type: types.DECREMENT }
}
export function setCount(amount: number) { // amount: numberだけが必要な付与
  return { type: types.SET_COUNT, payload: { amount } }
}
```

■ReturnType型

ReturnType型は、TypeScriptの**lib.d.ts**で提供されています。typeof型クエリーと併用することで、関数定義から戻り型を推論できます（ReturnType型は、組み込みUtility Typesであるため、明示的にインポートする必要はありません）。

▶リスト7-3-10　ReturnType型を使った型抽出

```
type IncrementAction = ReturnType<typeof increment>
type DecrementAction = ReturnType<typeof decrement>
type SetCountAction = ReturnType<typeof setCount>
type Actions = IncrementAction | DecrementAction | SetCountAction
```

▶リスト7-3-11　推論結果

```
type Actions = {
  type: "LONG_PREFIX_INCREMENT"
} | {
  type: "LONG_PREFIX_DECREMENT"
} | {
  type: "LONG_PREFIX_SET_COUNT"
  payload: { amount: number }
}
```

型定義のハードコーディングは少なくなりましたが、まだ1つずつ型定義をしています。次項では、これをまとめて推論するヘルパー型を定義します。

7-3-4　CreatorsToActions 型の定義

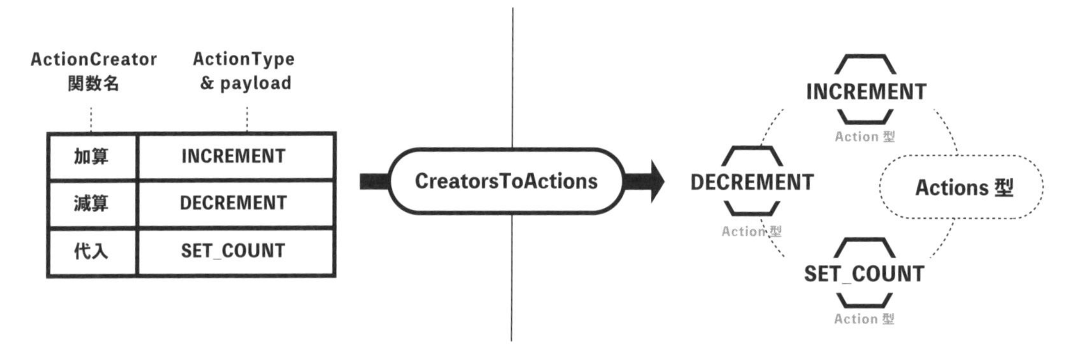

▶図7-3-2　CreatorsToActions型を利用した一括導出

前項で定義したActionCreatorsファイルから、目的のActions型を抽出するヘルパー型であるCreatorsToActions型を定義します。利用方法は、次のとおりです。

▶リスト7-3-12 CreatorsToActions型の利用方法

```
import * as creators from './creators'
import { CreatorsToActions } from './creatorsToActions'
type Actions = CreatorsToActions<typeof creators>
```

▶リスト7-3-13 推論結果

```
type Actions = {
  type: "LONG_PREFIX_INCREMENT"
} | {
  type: "LONG_PREFIX_DECREMENT"
} | {
  type: "LONG_PREFIX_SET_COUNT"
  payload: { amount: number }
}
```

CreatorsToActions型で利用されている2つの型を見ていきます。

■ReturnTypes型

特定ファイルがすべて関数の場合、関数の戻り型を取得するヘルパー型です。「Mapped Types」「Indexed Access Types」「Conditional Types」を併用しています。

▶リスト7-3-14 ReturnTypes型

```
type ReturnTypes<T> = {
  [K in keyof T]: T[K] extends (...args: any[]) => any
    ? ReturnType<T[K]>
    : never
}
```

この型定義の概要は、次のとおりです。

- **{ [K in keyof T] }**はオブジェクトを走査（Mapped Types）
- **T[K]**は各関数を特定（Indexed Access Types）
- **extends (...args: any[]) => any**は関数か否かを評価（Conditional Types）
- **T[K]**が関数として評価できる場合、**ReturnType<T[K]>**を適用

ActionCreatorsファイルに適用すると、次のような推論を得ることができます。ファイルで定義されているすべての関数名をkey名として、それぞれの戻り型が抽出された新しい型が作られていることがわかります。

▶リスト7-3-15　ReturnTypes型の利用

```
import * as creators from './actionCreators'
type T = ReturnTypes<typeof creators>
```

▶リスト7-3-16　推論結果

```
type T = {
  increment: { type: "LONG_PREFIX_INCREMENT" }
  decrement: { type: "LONG_PREFIX_DECREMENT" }
  setCount: {
    type: "LONG_PREFIX_SET_COUNT"
    payload: { amount: number }
  }
}
```

これだけでは目的のActions型とはならないため、次のヘルパー型を併用します。

■Unbox型

オブジェクトの子ノード型を抽出するヘルパー型です。Mapped TypesとType inferance in conditional typesを併用しています。

次の例では、子ノードがすべてString Literal Typesなので、Union Typesとして抽出されます。

▶リスト7-3-17　Unbox型

```
type Unbox<T> = T extends { [K in keyof T]: infer U } ? U : never
type T = Unbox<{ a: 'A'; b: 'B'; c: 'C' }>
```

▶リスト7-3-18　推論結果

```
type T = 'A' | 'B' | 'C'
```

このUnbox型を**ReturnTypes<T>**で得られる型に対して適用することで、**Actions型に相当する型をUnionTypesで取得**できます。これをまとめた型を冒頭のCreatorsToActions型と称してエクスポートしています。

▶リスト7-3-19　CreatorsToActions型としてエクスポート

```
export type CreatorsToActions<T> = Unbox<ReturnTypes<T>>
```

7-3-5 本節のおさらい

ここまでで解説した内容をまとめておきましょう。

▶ リスト7-3-20 actionTypes.ts

```
export = {
  INCREMENT: 'LONG_PREFIX_INCREMENT',
  DECREMENT: 'LONG_PREFIX_DECREMENT',
  SET_COUNT: 'LONG_PREFIX_SET_COUNT'
} as const
```

▶ リスト7-3-21 actionCreators.ts

```
import types from './actionTypes'
export function increment() {
  return { type: types.INCREMENT }
}
export function decrement() {
  return { type: types.DECREMENT }
}
export function setCount(amount: number) {
  return { type: types.SET_COUNT, payload: { amount } }
}
```

CreatorsToActions型は、汎用的に利用できるようにモジュールとして定義しておきます。

▶ リスト7-3-22 reducer.ts

```
import types from './types'
import * as creators from './actionCreators'
import { CreatorsToActions } from './creatorsToActions'
// _______________________________________________________
//
type State = {
  count: number
  unit: string
}
type Actions = CreatorsToActions<typeof creators>
// _______________________________________________________
//
function initialState(injects?: Partial<State>): State {
  return {
    count: 0,
    unit: 'pt',
    ...injects
```

```
  }
}
// ------------------------------------------------------
//
function reducer(state: State, action: Actions): State {
  switch (action.type) {
    case types.INCREMENT:
      return { ...state, count: state.count + 1 }
    case types.DECREMENT:
      return { ...state, count: state.count - 1 }
    case types.SET_COUNT:
      return { ...state, count: action.payload.amount }
    default:
      throw new Error()
  }
}
// ------------------------------------------------------
//
export { reducer, initialState }
```

■強力に型付けられたuseReducer

CreatorsToActions型は、ReduxのみならずHooks APIの**useReducer**にも利用できます。Reducer関数の第二引数にはActions型が適用されているため、**dispatch**までも型推論が及んでいることが確認できます。

▶リスト7-3-23　app.tsx

```
import React, { useReducer, useMemo, useCallback } from 'react'
import { reducer, initialState } from './reducer'
import { increment, decrement } from './actionCreators'
// ------------------------------------------------------
//
type Props = {
  countLabel: string
  onClickIncrement: () => void
  onClickDecrement: () => void
}
// ------------------------------------------------------
//
const Component: React.FC<Props> = props => (
  <div>
    Count: {props.countLabel}
    <button onClick={props.onClickIncrement}>+</button>
    <button onClick={props.onClickDecrement}>-</button>
  </div>
)
// ------------------------------------------------------
```

```
//
const Container: React.FC = () => {
  const [state, dispatch] = useReducer(reducer, initialState({ count: 0 }))
  const countLabel = useMemo(() => `${state.count} ${state.unit}`, [state])
  const onClickIncrement = useCallback(() => dispatch(increment()), [])
  const onClickDecrement = useCallback(() => dispatch(decrement()), [])
  return (
    <Component
      countLabel={countLabel}
      onClickIncrement={onClickIncrement}
      onClickDecrement={onClickDecrement}
    />
  )
}
// ______________________________________________________
//
export default Container
```

第8章

Vue.jsとTypeScript

Vue.jsは、日本でとりわけ人気の高い、すばやく目的のアプリケーションが作成できるライブラリです。TypeScriptへの対応は、2019年現在は進行中ではありますが、確実に前進しています。JavaScriptで作成するVue.jsは、誰もが作りやいように考慮されていますが、TypeScriptを導入する場合は導入コストが高くなりがちです。これは、ほかのライブラリよりもTypeScriptの知識を身に付けるチャンスともいえます。

8-1 Vue.extendベースの開発

TypeScriptでVue.jsプロジェクトを開発することは、2019年6月（v2.6.10）現在、発展途上にあるといえます。その理由の1つとして、Vue.jsのHTMLベースのテンプレート構文がJavaScriptとは異なる独自のものであるため、TypeScriptの型推論の恩恵が受けられないことがあります。

Vue.jsの最大の利点でもある「HTMLベースのわかりやすい記法で開発のハードルを下げる」ことに重きを置く場合、TypeScriptを導入しないほうがよい場合もあります。また、Vue.jsアプリケーションの状態管理で定番の「Vuex」は、TypeScriptとの相性があまりよくありません。顕著なのが、mapStateやmapGettersなどのヘルパー関数です。

JavaScriptならではの柔軟なプログラミングの元に作られたVuexは、素早い開発を進めることが可能です。その反面、ライブラリ内部で行われている処理が複雑で、型推論が追従することが難しくなっています。これらの課題の解決策として、次の対応を採るなどの議論が行われています。

- プロジェクトごとに、利用可能なVuex APIを制限するなど、ルールを設ける
- サードパーティ製のヘルパーライブラリを利用する
- TSXを利用する

このような背景がありながらも、Vue.jsにTypeScriptを導入する事例が増加傾向にあるのは、これらの型課題を上回るメリットが多くあるためです。Vue.jsでもビジネスロジックをTypeScriptの外部ファイルで定義することが頻繁にあり、こういったユースケースでは恩恵を享受できます。

そして何よりも、Vue.jsがTypeScriptに照準を当てて進化し続けているため、次世代への準備として今から取り組みをはじめることに価値があると筆者は考えます。

本書では、Vue.jsプロジェクトをTypeScriptに移行させる際の課題点を「型定義のみで解決する」ためのアプローチをいくつか紹介しています。

本節では、はじめにJavaScriptでのVueコンポーネントの記述に近く親しみやすいVue.extendベースによる開発を紹介します。

▶図8-1-1　Vue.js（https://jp.vuejs.org/）

8-1-1　Vue CLIで開発をはじめる

もっとも簡単なVue × TypeScript開発環境構築は、「Vue CLI」※1を利用することです。コマンドラインから対話形式で、Vue × TypeScriptプロジェクトを素早く開始できます。

■Vue CLIのインストール

まずはVue CLIをインストールし、コマンドラインからプロジェクトを生成できるように準備します。

▶コマンド8-1-1　Vue CLIのインストール

```
npm install -g @vue/cli
```

■プロジェクトの作成

次のコマンドでプロジェクトを作成します。「**vue-typescript**」はプロジェクト名称なので、任意のもので構いません。

▶コマンド8-1-2　プロジェクトの作成

```
$ vue create vue-typescript
```

※1　https://cli.vuejs.org/

TypeScriptを利用するために、次の質問では「**Manually select features**」を選択します。

▶コマンド8-1-3　プリセットの選択

```
? Please pick a preset: (Use arrow keys)
  default (babel, eslint)
> Manually select features
```

そして、本節で必要になる「**TypeScript**」を選択します。

▶コマンド8-1-4　必要な機能の選択

```
? Please pick a preset: Manually select features
? Check the features needed for your project:
 ◯ Babel
>◉ TypeScript
 ◯ Progressive Web App (PWA) Support
 ◯ Router
 ◯ Vuex
 ◯ CSS Pre-processors
 ◯ Linter / Formatter
 ◯ Unit Testing
 ◯ E2E Testing
```

「**Use class-style component syntax?**」と聞かれるので、今回は「Vue.extend」を利用するため、次の質問では「**n**」を入力します。

▶コマンド8-1-5　class-styleコンポーネントシンタックスを利用するか否か

```
? Please pick a preset: Manually select features
? Check the features needed for your project: TS
? Use class-style component syntax? (Y/n)
```

このあとにいくつか選択が続きますが、任意の回答で構いません。プロジェクトの作成が完了したら、次のコマンドを実行します。

▶コマンド8-1-6　アプリケーションの起動

```
$ cd vue-typescript
$ yarn serve
```

「**http://localhost:8080/**」で、アプリケーションが立ち上がります。

▶図8-1-2　起動したアプリケーションの画面

8-1-2 SFCでTypeScriptを利用する

Vue開発では、**SFC** (Single File Components：単一ファイルコンポーネント) が多くのプロジェクトで採用されています。SFCは、「**`template`**」「**`script`**」「**`style`**」の3つのブロックに分かれています。Vue CLIで作成された雛形に含まれる、次のコンポーネントを確認してください。

▶リスト8-1-1　src/App.vue

```
<template>
  <div id="app">
    <img alt="Vue logo" src="./assets/logo.png">
    <HelloWorld msg="Welcome to Your Vue.js + TypeScript App"/>
  </div>
</template>

<script lang="ts">
import Vue from "vue";
import HelloWorld from './components/HelloWorld.vue';

export default Vue.extend({
  name: 'app',
  components: {
    HelloWorld
  }
});
</script>
```

```
<style>
#app {
  font-family: 'Avenir', Helvetica, Arial, sans-serif;
  -webkit-font-smoothing: antialiased;
  -moz-osx-font-smoothing: grayscale;
  text-align: center;
  color: #2c3e50;
  margin-top: 60px;
}
</style>
```

SFCでTypeScriptを利用する場合、「**<script lang="ts">**」として、TypeScriptを利用するための宣言が必要です。

8-1-3 propsの型

VueコンポーネントのPropsは、ネイティブコンストラクターを付与することで、コンポーネント内部で推論が適用されます。たとえば、リスト8-1-2の「**msg: String**」です。**computed**の**message**関数からは**this.msg**がstring型であると推論されます。

▶ リスト8-1-2　src/components/HelloWorld.vue

```
<script lang="ts">
import Vue from "vue";

export default Vue.extend({
  name: 'HelloWorld',
  props: {
    msg: String,
  },
  computed: {
    message(): string {
      return this.msg // (property) msg: string
    }
  }
});
</script>
```

「number ¦ string型」を宣言したい場合は、「**[Number, String]**」のように定義します。必須にしたいpropsには、**type**プロパティと**required: true**プロパティを持つオブジェクトで宣言します。

▶リスト8-1-3 src/components/HelloWorld.vue

```
<script lang="ts">
import Vue from "vue";

export default Vue.extend({
  props: {
    value: [Number, String],
    requiredValue: {
      type: [Number, String],
      required: true
    }
  }
});
</script>
```

第1部 第1章 第2章 第3章 第4章 第5章 第6章 第2部 第7章 第8章 第9章 第10章 第11章

typeに指定できるネイティブコンストラクターは、次のいずれかです。

- String
- Number
- Boolean
- Array
- Object
- Date
- Function
- Symbol

propsバリデーションは、ビルド時のコンパイルエラーが得られません。しかし、冒頭の**msg props**に誤って数値を付与した場合、次のようなランタイムエラーを得ることができます。

▶コマンド8-1-7 Vueランタイム独自のprops不整合エラー

```
vue.runtime.esm.js?2b0e:619 [Vue warn]: Invalid prop: type check failed for prop "msg". Expected String with value "0", got Number with value 0.
```

このような警告がマウントされた段階で得られるので、開発中はすぐにミスに気がつくことができます。また、「puppeteer」※2などのヘッドレスブラウザによるE2E（End to End）テストでも、このエラーは検知できます。Vue.jsで開発を行う場合、警告の早期発見のためにも、E2Eテストを積極的に導入するべきです。

※2 https://github.com/GoogleChrome/puppeteer

第1部
第1章
第2章
第3章
第4章
第5章
第6章
第2部
第7章
第8章
第9章
第10章
第11章

■Object ／ Arrayの型

コンポーネントのpropsに指定可能なObject ／ Arrayネイティブコンストラクターは、ほとんどの場合で型としての情報量が不十分です。この課題については、アサーションを付与することで解決できます。次のように、PropType型をインポートし、**as**キーワードで宣言します。

▶リスト8-1-4　src/components/HelloWorld.vue

```
<script lang="ts">
import Vue, { PropType } from "vue";

export default Vue.extend({
  props: {
    obj: {
      type: Object as PropType<{ name: string }>,
      required: true
    },
    arr: {
      type: Array as PropType<{ task: string }[]>
    }
  },
  computed: {
    myName(): string {
      return this.obj.name
    },
    myFirstTask(): string {
      return this.arr[0].task
    }
  }
});
</script>
```

ただし、この方法では、親コンポーネントから与えられるpropsが誤っていても、コンパイルエラーを得ることができません。この課題の解決方法は次項で解説します。

8-1-4　dataの型

dataの型を定義するには、2通りの方法があります。

■型推論と型アサーション

1つ目の方法は「型推論と型アサーション」です。input要素などに利用するdataは、初期値に空文字列を与えることが多いはずです。それだけであれば、空文字列から適用される型推論で必要十分です。

次の例では、**firstName**と**lastName**は初期値からstring型であると推論されます。

これで事足りないのは、**doneTodos**といった初期値が**null**のプロパティを「**null | boolean**」のように

第1部 第1章 第2章 第3章 第4章 第5章 第6章 第2部 第7章 第8章 第9章 第10章 第11章

Nullable型としたい場合です。また、**todos**のように初期値を空配列としたい場合、**todos**はnever[]型であると推論されてしまいます。その場合、このままでは配列に何も追加することができません。

▶リスト8-1-5 src/components/AppTodoList.vue

```
<script lang="ts">
import Vue from "vue";

export default Vue.extend({
  data: () => ({
    firstName: '',    // (property) firstName: string
    lastName: '',     // (property) lastName: string
    doneTodos: null, // (property) doneTodos: null
    todos: []         // (property) todos: never[]
  })
</script>
```

このようなプロパティに対しては、**as**キーワードに続き、プロパティごとに型アサーションを付与します。

▶リスト8-1-6 src/components/AppTodoList.vue

```
<script lang="ts">
import Vue from "vue";

export default Vue.extend({
  data: () => ({
    firstName: '',
    lastName: '',
    doneTodos: null as null | boolean,
    todos: [] as Array<{
      id: string
      task: string
      done: boolean
    }>
  })
</script>
```

この記法は、dataがコンポーネントに閉じられている場合に有効で、必要最小限の宣言で済む点で優れています。

■型定義をアノテーションで付与する

2つ目は「**型定義をアノテーションで付与する**」方法です。**data**関数に向けてData型を定義し、型アノテーションを付与します。

リスト8-1-7の**todos**のようにTodo型の配列を表現したい場合、Todo型は個別に定義することで、見通しがよくなります。

▶リスト8-1-7　src/components/AppTodoList.vue

```
<script lang="ts">
import Vue from "vue";

export type Todo = {
  id: string
  task: string
  done: boolean
}
export type Data = {
  firstName: string,
  lastName: string,
  todos: Todo[]
}
export default Vue.extend({
  data: (): Data => ({ // ここで Data型を付与する
    firstName: 'Taro',
    lastName: 'Yamada',
    todos: []
  })
</script>
```

この記法が優れているのは、型をエクスポートして共有できるところです。親コンポーネントが取り扱うTodo型相当の値を、子コンポーネントにpropsで渡す場合、子コンポーネントはエクスポートされた定義を共有できます。

8-1-5 props型を親コンポーネントに提供する

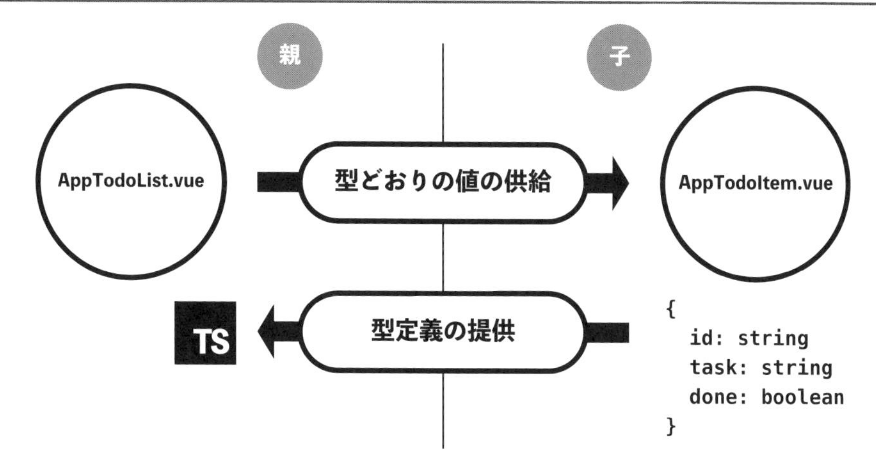

▶図8-1-3　子コンポーネントから型定義の提供

Todo型を所有するのは、子であるAppTodoItemコンポーネントが適していることがわかりました。子コンポーネントで定義されているpropsの型を、親コンポーネントへ供給するために、型定義をエクスポートします。子コンポーネントでは、先に解説したようにpropsのObjectネイティブコンストラクターに対し、「PropType型」をインポートし、「**Object as PropType<Todo>**」のように型を付与します。

▶リスト8-1-8　src/components/AppTodoItem.vue

```
<template>
  <div class="todo">
    {{myTask}}
  </div>
</template>

<script lang="ts">
import Vue, { PropType } from 'vue';

export type Todo = {
  id: string
  task: string
  done: boolean
}
export default Vue.extend({
  props: {
    todo: Object as PropType<Todo>
  },
  computed: {
    myTask(): string {
```

```
      return this.todo.task
    }
  }
});
</script>
```

親コンポーネントは、子コンポーネントのTodo型をインポートします。スキーマを一元管理できているため、親コンポーネントのscriptブロックでは、**todos**に不正な値が入るリスクがなくなりました。

しかし、テンプレート内部で値を加工してしまうと、コンパイルエラーをすり抜けてしまうため、**テンプレート内部に処理ロジックは書かない**ように注意する必要があります。

▶ リスト8-1-9 src/components/AppTodoList.vue

```
<template>
  <div class="todos">
    <div v-for="todo in todos" :key="todo.id">
      <AppTodoItem :todo="todo" />
    </div>
  </div>
</template>

<script lang="ts">
import Vue from 'vue';
import AppTodoItem, { Todo } from './AppTodoItem.vue'

export type Data = {
  todos: Todo[]
}
export default Vue.extend({
  data: (): Data => ({
    todos: []
  }),
  components: {
    AppTodoItem
  }
});
</script>
```

8-1-6 computedの型

Vue.extendに記述する**computed**の各関数は、戻り型アノテーションが必須です。

▶リスト8-1-10　src/components/HelloWorld.vue

```
<script lang="ts">
import Vue from "vue";

export default Vue.extend({
  computed: {
    greet(): string { // 戻り型アノテーションが必須
      return "Hello World!"
    }
  }
});
</script>
```

computedの各関数は、依存要素から算出された値を提供します。算出した値を返却するため、入力型と出力型が異なることはよくあります。

たとえば、リスト8-1-11に示した日付文字列からDate型を得る**dateFromDateLabel**関数です。この算出プロパティを利用するコードは、Date型が返ってくることが確約されています。**dateFromDateLabel**関数内部はDate型を返すロジックを記述しなければなりません。**dateLabel**がNullable型のため、**null**を考慮した安全なコードを記述します。

▶リスト8-1-11　src/components/Form.vue

```
<script lang="ts">
import Vue from "vue";

export default Vue.extend({
  data: () => ({
    defaultDateLabel: "1980-01-01",
    dateLabel: null as string | null,
  }),
  computed: {
    dateFromDateLabel(): Date {
      let label = this.defaultDateLabel
      if (this.dateLabel !== null) {
        label = this.dateLabel
      }
      return new Date(label)
    }
  }
});
</script>
```

8-1-7 型を満たすcomputed関数

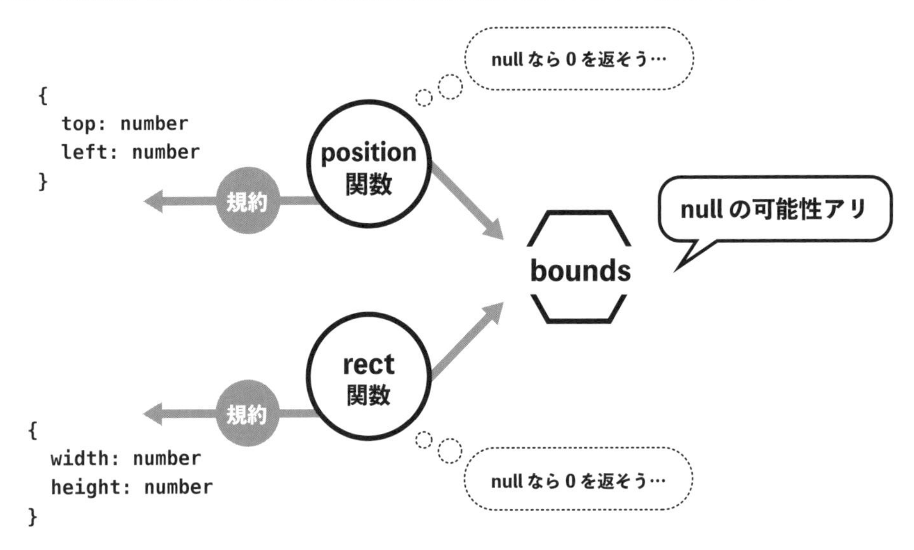

▶図8-1-4　Nullable型を参照するcomputed関数

ここでは、戻り値が型規約を満たす**computed**関数を見ていきましょう。

リスト8-1-12は、押下されたDOM要素の矩形サイズを取得するコンポーネントです。プロパティ**bounds**は、DOM要素が押下されるまで**null**であるため、値を返すことができません。したがって、**null**の場合は①②のように「**{ width: 0, height: 0 }**」などの型を満たす値を返却する必要があります。

▶リスト8-1-12　src/components/HelloWorld.vue

```
<script lang="ts">
import Vue from "vue";

export type Rect = {
  width: number
  height: number
}
export type Position = {
  top: number
  left: number
 }
export default Vue.extend({
  data: () => ({
    bounds: null as ClientRect | DOMRect | null,
  }),
  methods: {
    onClickElement({ target }: { target: HTMLElement }): void {
```

```
      this.bounds= target.getBoundingClientRect()
    }
  }
  computed: {
    boundsInfo(): string {
      if (this.bounds=== null) return ""
      return JSON.stringify(this.bounds)
    },
    rect(): Rect {
      if (this.bounds=== null) return { width: 0, height: 0 } // ①
      return {
        width: this.bounds.width,
        height: this.bounds.height
      }
    },
    position(): Position {
      if (this.bounds=== null) return { top: 0, left: 0 } // ②
      return {
        top: this.bounds.top,
        left: this.bounds.left
      }
    }
  }
});
</script>
```

8-1-8 methodsの型

v-modelを利用するとイベントハンドラーが不要になることも多いのですが、methodsには主にイベントハンドラーを記述します。押下されたDOM要素の矩形サイズを保持するためには、次のような型指定を行います。

▶リスト8-1-13 src/components/HelloWorld.vue

```
<template>
  <div @click="onClickElement">
    test
  </div>
</template>

<script lang="ts">
import Vue from "vue";

export default Vue.extend({
  data: () => ({
```

```
    bounds: null as ClientRect | DOMRect | null,
  }),
  methods: {
    onClickElement({ target }: { target: HTMLElement }): void {
      this.bounds= target.getBoundingClientRect()
    }
  }
});
</script>
```

イベントハンドラーをバインドしているため、引数はEvent型になりますが、ここではEvent型を付与せずに、必要になる**{ target: HTMLElement }**だけを付与しています。このようにしている理由は、**event.target**の型をあらかじめ絞り込むためです。

たとえば、次のように**target**以外の**event**プロパティにアクセスする必要がある場合、**instanceof**演算子を利用して、条件分岐で型を絞り込む必要があります。

▶リスト8-1-14　src/components/HelloWorld.vue

```
<script lang="ts">
import Vue from "vue";

export default Vue.extend({
  data: () => ({
    bounds: null as ClientRect | DOMRect | null,
  }),
  methods: {
    onClickElement(event: Event): void {
      if (!event.isTrusted) return
      if (event.target instanceof HTMLElement) {
        this.bounds= event.target.getBoundingClientRect()
      }
    }
  }
});
</script>
```

event.targetだけが必要な場合だったとしても、その都度**instanceof**による絞り込みを記述しなければならないため、冒頭のような記述のほうが適しています。

8-2 vue-class-componentベースの開発

次に示したように、Vue.jsの公式ドキュメントにおいて、Vue.jsの次期バージョンはクラスベースコンポーネントがサポートされることがアナウンスされています。

> 次期メジャーバージョンの Vue (3.x) では、クラスベースのコンポーネントAPIを持つTypeScriptサポートとTSXサポートの大幅な改善も予定しています。
> https://jp.vuejs.org/v2/guide/typescript.html

`vue-class-component`ベースの開発では、型観点でVue.extendに勝る点がいくつかあります。本節では、この雛形のベースとなっているvue-class-componentを利用した場合の記法を解説していきます。

8-2-1 Vue CLIで環境構築する

「Vue CLI」を利用し、TypeScriptとvue-class-componentを利用するプロジェクトを作成します。

まずは「`TypeScript`」にチェックを入れます。

▶コマンド8-2-1 Check the features needed for your project

```
? Please pick a preset: Manually select features
? Check the features needed for your project:
 ◯ Babel
>◉ TypeScript
 ◯ Progressive Web App (PWA) Support
 ◯ Router
 ◯ Vuex
 ◯ CSS Pre-processors
 ◯ Linter / Formatter
 ◯ Unit Testing
 ◯ E2E Testing
```

今回は「`vue-class-component`」および「`vue-property-decorator`」を利用するので、次の質問では「`Y`」を入力します。

▶コマンド8-2-2　Use class-style component syntax?

```
? Please pick a preset: Manually select features
? Check the features needed for your project: TS
? Use class-style component syntax? (Y/n)
```

このあとにいくつか選択項目がありますが、任意の回答で問題ありません。プロジェクトの作成が完了したら、次のコマンドを実行します。

▶コマンド8-2-3　アプリケーションの起動

```
$ cd vue-typescript
$ yarn serve
```

8-2-2 雛形を確認する

Vue CLIで作成された雛形に含まれる、次のコンポーネントを確認してください。

▶リスト8-2-1　src/App.vue

```
<template>
  <div id="app">
    <img alt="Vue logo" src="./assets/logo.png">
    <HelloWorld msg="Welcome to Your Vue.js + TypeScript App"/>
  </div>
</template>

<script lang="ts">
import { Component, Vue } from 'vue-property-decorator';
import HelloWorld from './components/HelloWorld.vue';

@Component({
  components: {
    HelloWorld,
  },
})
export default class App extends Vue {}
</script>

<style>
#app {
  font-family: 'Avenir', Helvetica, Arial, sans-serif;
  -webkit-font-smoothing: antialiased;
```

```
  -moz-osx-font-smoothing: grayscale;
  text-align: center;
  color: #2c3e50;
  margin-top: 60px;
}
</style>
```

vue-class-componentは、クラス構文でコンポーネントを記述するためのライブラリです。**vue-property-decorator**は**vue-class-component**のラッパーであり、クラスベースでVueコンポーネントを記述するにあたり、便利なデコレーターが含まれています。

8-2-3 PropsとData

vue-class-componentおよび**vue-property-decorator**を利用する場合のPropsとDataの定義について解説していきます。

■Dataの定義

コンポーネントのDataを定義するためには、クラスメンバーとして値を宣言します。このとき、TypeScriptの型定義をそのまま付与できます。また、初期値の代入もここで行います。

▶リスト8-2-2 src/components/HelloWorld.vue

```
<script lang="ts">
import { Component, Prop, Vue } from 'vue-property-decorator';

@Component
export default class HelloWorld extends Vue {
  flag: boolean = false
  inputText: string | null = null
  bounds: ClientRect | DOMRect | null = null
}
</script>
```

■Propsの定義

コンポーネントのPropsを定義する場合、**@Prop**デコレーターを用いて、クラスメンバーとして宣言します。Dataとは異なり、初期値はデコレーターオプションの**default**で付与します。デコレーターオプションは、**Vue.extend**のProps定義と同じ指定ができます。

▶リスト8-2-3　src/components/HelloWorld.vue

```
<script lang="ts">
import { Component, Prop, Vue } from 'vue-property-decorator';

@Component
export default class HelloWorld extends Vue {
  @Prop({ type: Boolean, default: false })
  flag!: boolean

  @Prop({ type: String, default: null })
  message!: string | null

  @Prop({ type: [String, Number], default: null })
  value!: string | number | null
}
</script>
```

また、**@Prop**のクラスメンバー宣言をする際には、名称に続けて**!**キーワードの付与が必要です。

8-2-4 computedとmethods

vue-class-componentおよび**vue-property-decorator**を利用する場合のcomputedとmethodsの宣言について解説します。

■computedの定義

getアクセサーを付与した関数は、**computed**関数相当になります。Vue.extendとは異なり、このクラスメンバーの戻り型アノテーションは任意です。また、関数の責務を明確にするための戻り型アノテーションが、問題を起こすこともあります。一見、型安全に見えるリスト8-2-4の例には、問題のあるコードが含まれています。

▶リスト8-2-4　src/components/HelloWorld.vue

```
<template>
  <div class="hello">
    <p>{{ greet }}</p>
  </div>
</template>

<script lang="ts">
import { Component, Vue } from 'vue-property-decorator';

@Component
```

```
export default class HelloWorld extends Vue {

  name: string = 'Taro'
  value: any = false

  get greet(): string {
    return `Hello ${this.name}`
  }
  get valueLabel(): string {
    return this.value // any 型のため、どんな型にもなり得る
  }
}
</script>
```

any型である**value**が、**valueLabel**の戻り型アノテーションによって間違った型が付与されてしまっています。あとのVuexの節でも解説しますが、any型を含んだ参照と、それをダウンキャストしてしまう戻り型アノテーションは、バグの温床になるため注意しなければいけません。

■methodsの定義

methodsは、クラスメンバーとしてそのまま定義します。Vue.extendと異なる点はありません。

▶リスト8-2-5　src/components/HelloWorld.vue

```
<script lang="ts">
import { Component, Vue } from 'vue-property-decorator';

@Component
export default class HelloWorld extends Vue {

  onClickElement({ target }: { target: HTMLButtonElement }) {
    console.log(target.getBoundingClientRect())
  }
}
</script>
```

8-3 Vuexの型推論を探求する

本章の冒頭でも述べたように、Vuexが抱える型の課題は少なくありません。TypeScriptで記述するStore定義には、現状では次のような型に関する課題が存在しています。

- **getters**の型定義がany型
- **mutations**／**actions**のpayloadがany型

any型に対し、アノテーション・アサーションを付与することで乗り切る方法もありますが、各所でany型にアップキャストされてしまうため、不整合を発生させないことが難しくなっています。「十分に気をつける」のでは、型に守られているとは言い切れません。

本節では、どのようにして型情報が損なわれてしまうのかという具体的な例を示しながら、独自のアプローチで、Vuex型定義の考察をします。

■本節の解説範囲

本節では、SFCファイル内からVuexの定義を呼び出す際に遭遇する課題には言及しません。この課題については「11-2　Vuexの型課題を解決する」で言及します。まずは、Store内部の定義・課題について、1つずつ探求していきます。

なお、ここでは、Vuexの基本的な使い方に慣れていることを想定しています。また、本節でいくつか型課題として取り上げているものがありますが、これは Vuex v3.1.0現在のものです。今後、改善される可能性があることをご了承ください。

8-3-1 Vue CLIで環境構築する

Vue CLIを利用して、TypeScriptとVuexを利用するプロジェクトを作成します。

「**TypeScript**」と「**Vuex**」にチェックを入れます。

▶コマンド8-3-1　Check the features needed for your project

```
? Please pick a preset: Manually select features
? Check the features needed for your project:
 ○ Babel
 ◉ TypeScript
 ○ Progressive Web App (PWA) Support
 ○ Router
```

```
>◉ Vuex
 ◯ CSS Pre-processors
 ◯ Linter / Formatter
 ◯ Unit Testing
 ◯ E2E Testing
```

このあとにいくつかの設定が続きますが、任意の項目を選択しても問題ありません。プロジェクトの作成が完了したら、次のコマンドを実行します。

▶コマンド8-3-2　アプリケーションの起動

```
$ cd vue-typescript
$ yarn serve
```

8-3-2 公式提供の型定義を確認する

まずはStoreの定義から見ていきます。Vue CLIで生成したStore定義は、次のようなものです。

▶リスト8-3-1　src/store.ts

```
import Vue from 'vue'
import Vuex from 'vuex'

Vue.use(Vuex)

export default new Vuex.Store({
  state: {

  },
  mutations: {

  },
  actions: {

  }
})
```

■state実装に則した型推論

このファイルを次のように編集します。VS Codeなどのエディターで確認すると、getter関数・mutation関数の第一引数である**state**には、state実装に則した型推論が適用されています。

また、action関数の第一引数である**ctx**に含まれる**state**も同様に推論が適用されています。Nullable型の宣言も、アサーションを利用すれば、それに従って付与されます。

▶リスト8-3-2　src/store.ts

```
import Vue from 'vue'
import Vuex from 'vuex'

Vue.use(Vuex)

export default new Vuex.Store({
  state: {
    count: 0 as number | null,
    name: "Taro"
  },
  getters: {
    getName(state) {
      // (parameter): state: {
      //   count: number | null;
      //   name: string;
      // }
    }
  },
  mutations: {
    setName(state) {
      // (parameter): state: {
      //   count: number | null;
      //   name: string;
      // }
    }
  },
  actions: {
    asyncSetName({ state }) {
      // var state: {
      //   count: number | null;
      //   name: string;
      // }
    }
  }
})
```

■コンパイルエラーの取りこぼし

では実際に、どのような問題に遭遇するのか、ランタイムエラーを引き起こすコードで確認してみましょう。ここではコンパイルエラーを1つだけ得ることができていますが、ほかにコンパイルエラーとして検知して欲しいミスが3つ含まれています。すべての不具合がわかるでしょうか？

▶ リスト8-3-3　src/store.ts

```
import Vue from 'vue'
import Vuex from 'vuex'

Vue.use(Vuex)

export default new Vuex.Store({
  state: {
    count: 0 as number | null,
    name: null as string | null
  },
  getters: {
    getName(state, getters) {
      return state.name
    },
    greet(state, getters) {
      return `My name is ${getters.getName.toUpperCase()}`
    }
  },
  mutations: {
    setName(state, payload) {
      state.name = payload // (property) name: string | null
    },
    increment(state) {
      state.count++ // Error! オブジェクトはnullである可能性があります
    }
  },
  actions: {
    asyncSetName(ctx, payload) {
      ctx.commit('setName', { name: payload })
      console.log(ctx.state.name) // (property) name: string | null
    },
    asyncIncrement(ctx) {
      ctx.commit('increment')
      console.log(ctx.state.count) // (property) count: number | null
    },
    async countup(ctx) {
      while(true) {
        await (() => new Promise(resolve => {
          setTimeout(resolve, 1000)
        }))()
        ctx.dispatch('increment')
      }
    }
  }
})
```

8-3-3 Vuexの型課題を確認する

どのような問題が含まれていたのか、前項の答え合わせをしていきましょう。

■nullでtoUpperCase()を実行している

「**getters.getName.toUpperCase()**」が問題のあるコードです。**getters.getName**はstring型ではなくstring | null型です。

getter関数は第二引数の**getters**を利用することで、ほかのgetter関数への参照を持てます。この**getters**がany型であるため、問題を検知することができませんでした。

アンチパターンのようなインラインアサーションは、より深刻な問題を起こします。なぜなら、インラインアサーションが実装と異なる可能性があるからです。

▶リスト8-3-4　src/store.ts

```
state: {
  count: 0 as number | null,
  name: null as string | null
},
getters: {
  getName(state, getters) {
    return state.name
  },
  greet(state, getters) {
    return `My name is ${getters.getName.toUpperCase()}` // ランタイムエラー
    // 実装と異なるアンチパターンのインラインアサーション
    // return `My name is ${(getters.getName as string).toUpperCase()}`
  }
}
```

■payloadのスキーマ間違い

2つ目は、payloadのスキーマの間違いです。mutation関数・action関数のpayloadはany型です。

そのため、②のように型アノテーションを付与したとしても、実行側はこのアノテーションに関与しないため、**アンチパターンのダウンキャストである**といえます。

▶リスト8-3-5　src/store.ts

```
mutations: {
  setName(state, payload: string) { // ② アンチパターンのダウンキャスト
    state.name = payload            // ③ payloadの間違いによるオブジェクト代入
  }
},
```

```
actions: {
  asyncSetName(ctx, payload) {
    ctx.commit('setName', { name: payload }) // ① payload のスキーマ間違い
  }
}
```

■存在しないaction関数（dispatch）の実行

3つ目は、「存在しないaction関数（**dispatch**）の実行」です。プログラマーは「**ctx.commit('increment')**」とする予定だったのでしょう。

しかし、**countup**関数を実行するまで、ランタイムエラーにも到達しません。

▶リスト8-3-6　src/store.ts

```
mutations: {
  increment(state) {
    state.count++
  }
},
actions: {
  asyncIncrement(ctx) {
    ctx.commit('increment')
  },
  async countup(ctx) {
    while(true) {
      await (() => new Promise(resolve => {
        setTimeout(resolve, 1000)
      }))()
      ctx.dispatch('increment') // 存在しない Action Type
    }
  }
}
```

今回の例のように、1ファイルで収まる実装ならば、注意すれば解決できる問題かもしれません。しかし、実際には多くのSFCファイルから実行されたり、参照されることになります。最初は小さなスコープに閉じていて顕在化しなかった問題も、プロジェクトが大きくなっていくにつれて明るみにでてきます。

ここで挙げたアンチパターンのようなアノテーション・アサーションが、**かえって問題の発見を遅らせることにつながり、TypeScriptが逆に足枷になる**可能性があります。

8-3-4 公式型定義が提供しているもの

前項で取り上げたような型の課題は、ライブラリが知り得ない、プロジェクト独自の知識で起こります。そこに、どのようなgetter関数やaction関数が定義されているのか、ライブラリが知らないのは当然です。その情報を正しく伝えるため、まずは提供されている型定義を確認していきます。

型定義を確認すると、GetterTree型／ActionTree型など、getter関数やaction関数をひとまとめにしたオブジェクトを「Tree」と称して型定義を提供していることがわかります。この定義を見ていきましょう。

▶リスト8-3-7　node_modules/vuex/types/index.d.ts

```
export type Getter<S, R> = (state: S, getters: any, rootState: R, rootGetters: any) => any;
export type Action<S, R> = ActionHandler<S, R> | ActionObject<S, R>;
export type Mutation<S> = (state: S, payload: any) => any;

export interface GetterTree<S, R> {
  [key: string]: Getter<S, R>;
}
export interface ActionTree<S, R> {
  [key: string]: Action<S, R>;
}
export interface MutationTree<S> {
  [key: string]: Mutation<S>;
}
```

いずれも**state関連の引数型のみがGenericsとして指定可能**になっています。これらを積み上げることで、Storeインスタンスの型を表現します。

any型が意味すること

先に確認したとおり、getter関数の推論に関しては、ほとんどany型を付与して推論を中断してしまっていることがわかります。これは、オブジェクトに内包されたgetter関数が、ほかのgetter関数を知ることができないためです。また、Payload型についても、その内訳はany型です。

▶リスト8-3-8　payload: any

```
export interface Payload {
  type: string;
}
export interface MutationPayload extends Payload {
  payload: any;
}
export interface ActionPayload extends Payload {
  payload: any;
}
```

これらのany型が意味するのは「必要であれば、都度、型アサーションを付与する」か「型推論を中断する」ということです。すべてのpayloadとgetters関数に、型をインポートして付与する作業は、費用対効果がよいものではないでしょう。

8-3-5 解決へのアプローチ

ここまでで確認したとおり、執筆時現在（v3.1.0）の公式提供の型定義には多くの不安が存在します。

ここからは、ライブラリ実装に則した型を独自定義することで、課題解決に取り組んでいきます。では、改めてStore構成要素に求められる要件を確認しておきましょう。

- stateの参照
- getter関数同士の参照
- RootState／RootGetters の参照
- MutationType／ActionTypeと実装関数の整合性担保
- mutation関数とaction関数のpayload

■state の参照

まずはじめに、どのStore構成要素も参照できるStateの付与の方法を考察します。State型がある場合、getter関数の第一引数にインラインキャストすることが、まず初めに検討されます。このパターンの場合、getter関数ごとに型アノテーションを付与しなければいけません。

▶リスト8-3-9　src/stores/couter.ts

```
interface State {
  count: number
}
const state: State = {
  count: 0
}
// ------------------------------------------------------
//
const getters = {
  double(state: State) { // 型アノテーションを付与
    return state.count * 2
  },
  expo2(state: State) { // 型アノテーションを付与
    return state.count ** 2
  },
  expo(state: State) { // 型アノテーションを付与
    return amount => state.count ** amount
  }
}
```

■State型を一括で付与する

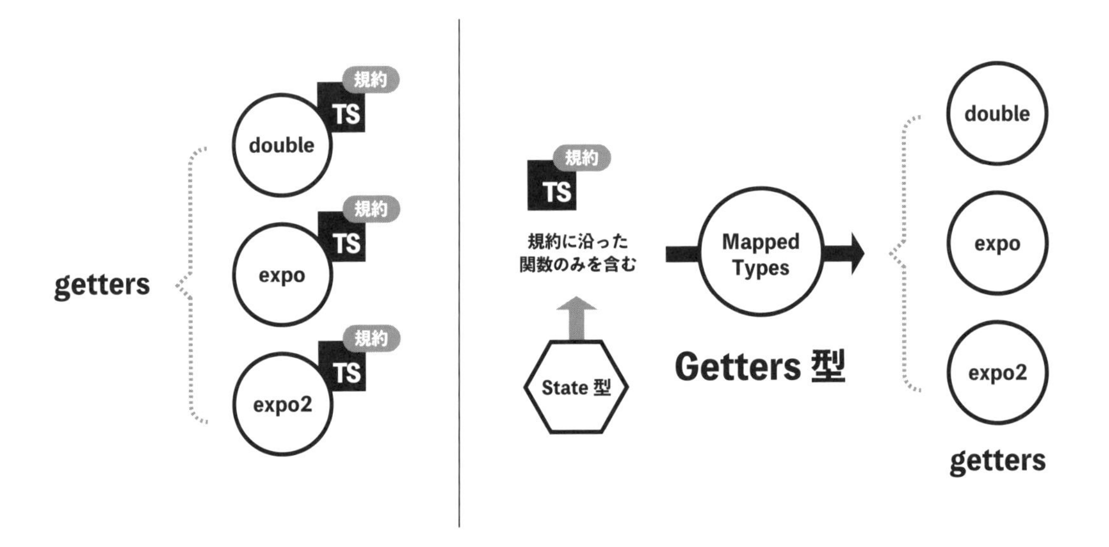

▶図8-3-1　一括で付与される型定義

getter関数の引数は固定であるため、**getters**にまとめて指定をするGetters型を用意します。インデックスシグネチャを利用すると、すべてのgetter関数の第一引数にState型を付与できます。これでgetter関数ごとのアノテーションは不要になりました。

ただし、ここまでのアプローチは、公式に提供されているGetterTree型とさほど変わりはありません。

▶リスト8-3-10　src/stores/couter.ts

```
interface State {
  count: number
}
const state: State = {
  count: 0
}
// ______________________________________________________
//
type Getters<S> = {
  [k: string]: (state: S) => unknown
}
// ______________________________________________________
//
const getters: Getters<State> = {
  double(state) { // 型アノテーションは付与しなくてもよい
    return state.count * 2
  },
```

```
  expo2(state) { // 型アノテーションは付与しなくてもよい
    return state.count ** 2
  },
  expo(state) { // 型アノテーションは付与しなくてもよい
    return amount => state.count ** amount
  }
}
```

8-3-6 gettersの型を解決する

stateのように、**interface**で型定義を行うことは一般的です。各値がどのようなものであるのか、あらかじめ要件を明示できます。この作法と同様に、**あらかじめgettersの要件もinterfaceで明示**してしまいます。**interface**があることで、整合性のない定義を受け付けないと同時に、型推論が可能です。

getter関数を定義するとき、プログラマーが自由に決めることができるのは「関数名」と「戻り型」のみです。これを型として表現したとき、前項の**getters**を表す**interface**は、次のようになります。

▶リスト8-3-11 src/stores/couter.ts

```
interface IGetters {
  double: number
  expo2: number
  expo: (amount: number) => number // 関数を返すgetter関数
}
```

■Getters型の再定義

この**interface**を注入できるように、先ほどのGetters型を修正します。Mapped Typesの「**[K in keyof G]**」で、**interface**で定義されている各関数名を取得します。そして、Indexed Access Typesの「**G[K]**」によって取得した戻り型を付与します。

▶リスト8-3-12 src/stores/couter.ts

```
// Before
type Getters<S> = {
  [k: string]: (state: S) => unknown
}

// After
type Getters<S, G> = {
  [K in keyof G]: (state: S, getters: G) => G[K]
}
```

■実装には一切のインラインキャストが不要

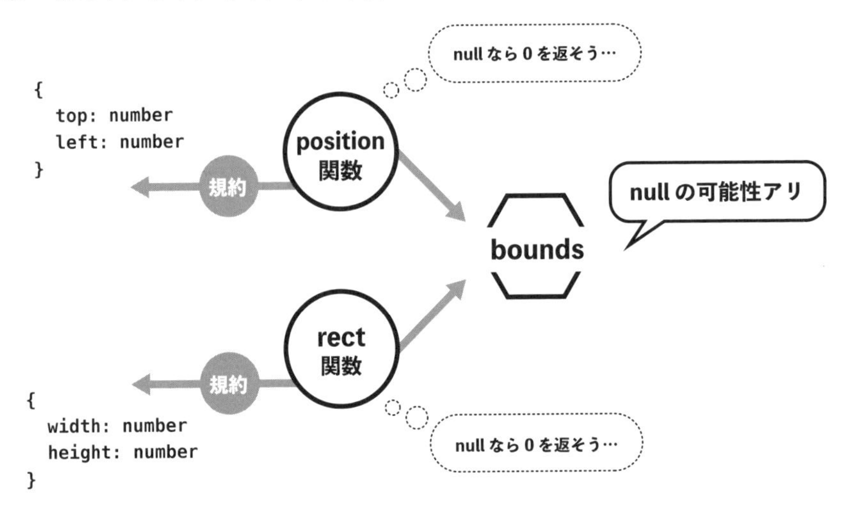

▶図8-3-2　一括で付与される型定義

この改修したGetters型を利用すると、getter関数同士は型参照を持つことが可能になります。**IGetters**の型定義と不整合がある実装は、コンパイルエラーを得ることができます。そして、型にない関数を定義しようと試みた場合も、コンパイルエラーを得ることになります。

このような強い制約があるからこそ、すべての関数が備わっていることが担保されるわけです。そして、**実装には一切のインラインキャストが不要となり、すべての関数引数は型付与済みの状態**になります。

▶リスト8-3-13　src/stores/couter.ts

```
interface State {
  count: number
}
const state: State = {
  count: 0
}
// ______________________________________________________
//
interface IGetters {
  double: number
  expo2: number
  expo: (amount: number) => number
}
type Getters<S, G> = {
  [K in keyof G]: (state: S, getters: G) => G[K]
}
// ______________________________________________________
//
```

```
const getters: Getters<State, IGetters> = { // ここですべてが付与される
  double(state, getters) {
    // (property) IGetters.expo2: number
    console.log(getters.expo2)
    return state.count * 2
  },
  expo2(state, getters) {
    // (property) IGetters.expo: (amount: number) => number
    console.log(getters.expo)
    return state.count ** 2
  },
  expo(state, getters) {
    console.log(getters.double) // (property) IGetters.double: number
    return amount => state.count ** amount // (parameter) amount: number
  }
}
```

■Root参照は一旦保留に

このほか、getter関数は第三引数で**rootState**を、第四引数で**rootGetters**を参照できます。そして、その型注入を受け入れるためのGenericsを追加します（**RS**・**RG**）。この解説についてはボリュームが多くなるため、ここではいったん保留（デフォルト型として{}型を付与）とします。

▶リスト8-3-14　src/stores/couter.ts

```
type Getters<S, G, RS = {}, RG = {}> = {
  [K in keyof G]: (state: S, getters: G, rootState: RS, rootGetters: RG) => G[K]
}
```

> **注意！**
>
> **rootState**・**rootGetters**を正しく推論するためには、本節の解説だけでは不十分です。より確実に付与するためには、「11-2　Vuexの型課題を解決する」を確認してください。

8-3-7 mutationsの型を解決する

前項のGetters型と同じように、Mutations型を定義していきます。対象となる実装は、次のとおりです。

▶リスト8-3-15　src/stores/couter.ts

```
const mutations = {
  setCount(state, payload) {
    state.count = payload.amount
```

```
  },
  multi(state, payload) {
    state.count = state.count * payload
  },
  increment(state) {
    state.count++
  }
}
```

■IMutations型の定義

getter関数とは異なり、mutation関数の戻り値はvoidで固定です。プログラマーが自由に定義できるのは「関数名」と「payload」です。これらの要件を**interface**で表現すると、次のようになります。

▶リスト8-3-16　src/stores/couter.ts

```
interface IMutations {
  setCount: { amount: number }
  multi: number
  increment: void
}
```

incrementのように、payloadが不要なmutation関数は「**void**」とするとよいでしょう。

■Mutations型の定義

先のGetters型とほとんど同じですが、今度はpayloadに対してIndexed Access Typesの「**M[K]**」を適用します。

▶リスト8-3-17　src/stores/couter.ts

```
type Mutations<S, M> = {
  [K in keyof M]: (state: S, payload: M[K]) => void
}
```

この型を付与することにより、**mutations**の実装もインラインキャストが一切不要になりました。

▶リスト8-3-18　src/stores/couter.ts

```
const mutations: Mutations<State, IMutations> = { // ここですべてが付与される
  setCount(state, payload) {
    state.count = payload.amount // (parameter) payload: { amount: number }
  },
  multi(state, payload) {
    state.count = state.count * payload // (parameter) payload: number
```

```
  },
  increment(state) {
    state.count++
  }
}
```

mutationsに限っては、ほかのmutation関数から参照されることはありません。そのため、関数ごとのインラインアノテーションでも問題ないように思えます。このIMutations型は、次項のActions型で活きてきます。

8-3-8 actionsの型を解決する

action関数は、ここまでで定義した**getters**・**mutations**への参照はもちろん、同じModuleのすべての参照と**Root**への参照を第一引数の**Context**に持っています。まずは対象となる実装を確認します。

▶ リスト8-3-19　actionsの実装

```
const actions = {
  asyncSetCount(ctx, payload) {
    ctx.commit('setCount', { amount: payload.amount })
  },
  asyncMulti(ctx, payload) {
    ctx.commit('multi', payload)
  },
  asyncIncrement(ctx) {
    ctx.commit('increment')
  }
}
```

■IActions型の定義

「関数名」と「payload」の対定義は、IMutations型で行っていたものと同様です。

▶ リスト8-3-20　IActions型の定義

```
interface IActions {
  asyncSetCount: { amount: number };
  asyncMulti: number;
  asyncIncrement: void;
}
```

■Actions型の定義

`Context`の型付与は、いったんunknownにしておき、payloadの型を合わせるところからはじめます。

▶リスト8-3-21　Actions型の定義

```
type Actions<S, A> = {
  [K in keyof A]: (ctx: unknown, payload: A[K]) => any
};
```

action関数は、「`async function`」とすることが可能です。同期関数として定義したaction関数も、ライブラリの処理によってPromiseを返却する関数に変換されます。この戻り型を表現する型定義も複雑であるため、any型で保留とします。

■Context型の定義

Context型は、リスト8-3-22のように表現できます。Commit型に指定しているGenerics「`M`」は、前項の`IMutations`が注入されることを想定しています。

同様に、Dispatch型に指定しているGenerics「`A`」は、本項の`IActions`が注入されることを想定しています（ここで利用するCommit型・Dispatch型はVuexで提供されているものではありません）。

▶リスト8-3-22　Context型の定義

```
type Context<S, A, G, M, RS, RG> = {
  commit: Commit<M>
  dispatch: Dispatch<A>
  state: S
  getters: G
  rootState: RS
  rootGetters: RG
}
```

■Commit型の定義

`ctx.commit`の課題を振り返ってみます。

第一引数の文字列（MutationType）は、定義されている関数名を期待します。この課題は、`M`で渡ってきた`IMutations`の`keyof`で特定できます。「`keyof IMutations`」は「`'setCount'|'multi'|'increment'`」です。このいずれかの文字列とpayloadが「対」となるように、Lookup Typesを活用して特定します。

関数型直前に「**<T extends keyof M>**」と付与することで、T型は`'setCount'|'multi'|'increment'`のいずれかしか入力できなくなります。

第一引数に、これらいずれかの文字列が入力されたとき、第二引数の型がM[T]として確定します。

このように、Lookup Typesを利用すると、引数同士を関連付けることができます。

▶リスト8-3-23　Commit型の定義

```
type Commit<M> = <T extends keyof M>(type: T, payload?: M[T]) => void
```

■Dispatch型の定義

ctx.dispatchも同様に指定できます。

▶リスト8-3-24　Dispatch型の定義

```
type Dispatch<A> = <T extends keyof A>(type: T, payload?: A[T]) => any
```

■Actions型の再定義

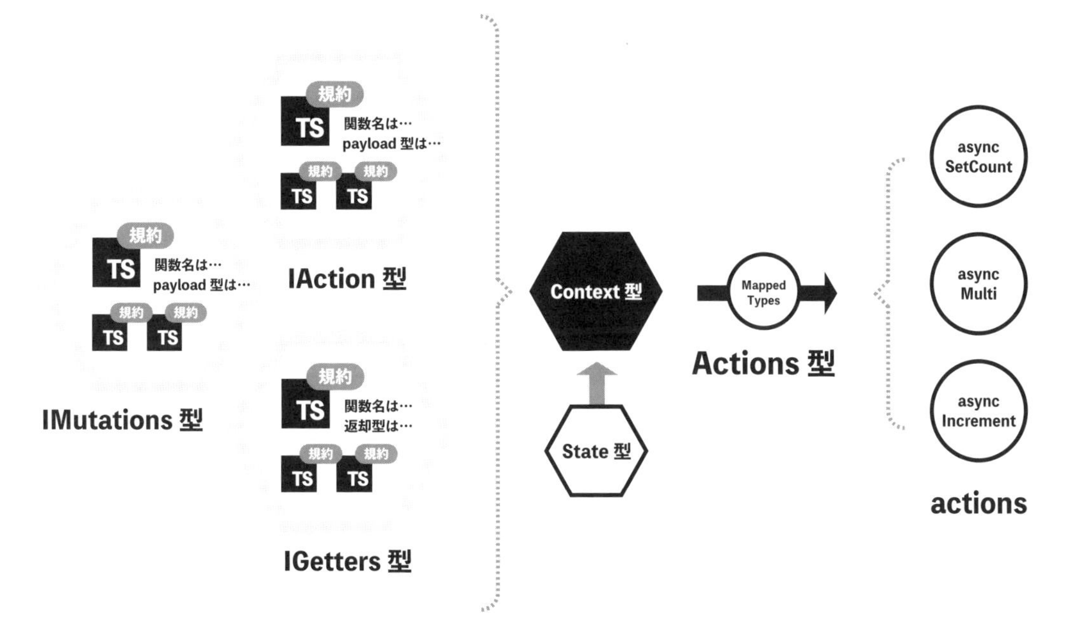

▶図8-3-3　型定義を集約する

冒頭でunknownとしていた**ctx**に対し、ここまでに定義したContext型を適用します。State型・IActions型が注入必須のGenericsとします。Genericsが多いのですが、すべての型参照を持つことができるようになりました。

▶リスト8-3-25　Actions型の再定義

```
type Actions<S, A, G = {}, M = {}, RS = {}, RG = {}> = {
  [K in keyof A]: (ctx: Context<S, A, G, M, RS, RG>, payload: A[K]) => any
}
```

最大で、このような指定になります。各action関数第一引数の**ctx**、第二引数の**payload**を確認すると、隅々まで推論が行き渡っていることがわかります。

▶リスト8-3-26　Actions型の利用

```
const actions: Actions<
  State,
  IActions,
  IGetters,
  IMutations,
  RootState,
  IRootGetters
> = {
  asyncSetCount(ctx, payload) {
    ctx.commit("setCount", { amount: payload.amount })
  },
  asyncMulti(ctx, payload) {
    ctx.commit("multi", payload)
  },
  asyncIncrement(ctx) {
    ctx.commit("increment")
  }
}
```

注意！

rootState・**rootGetters**を正しく推論するためには、本節の解説だけでは不十分です。より確実に付与するためには、「11-2　Vuexの型課題を解決する」を確認してください。

8-3-9 定義を整理する

最後に、本節の定義を整理し、実際にどのような手順でコーディングを進めるのかを確認しておきましょう。ここまでで定義したStore Moduleを構成する型は汎用的なものです。実装とは別ファイルに、ヘルパー型として定義を書き出します。

▶リスト8-3-27　src/stores/types.ts

```
type Getters<S, G, RS = {}, RG = {}> = {
  [K in keyof G]: (state: S, getters: G, rootState: RS, rootGetters: RG) => G[K]
}
// ------------------------------------------------------------
//
type Mutations<S, M> = { [K in keyof M]: (state: S, payload: M[K]) => void }
```

```
// ------------------------------------------------------------
//
type Commit<M> = <T extends keyof M>(type: T, payload?: M[T]) => void
type Dispatch<A> = <T extends keyof A>(type: T, payload?: A[T]) => any
type Context<S, A, G, M, RS, RG> = {
  commit: Commit<M>
  dispatch: Dispatch<A>
  state: S
  getters: G
  rootState: RS
  rootGetters: RG
}
type Actions<S, A, G = {}, M = {}, RS = {}, RG = {}> = {
  [K in keyof A]: (ctx: Context<S, A, G, M, RS, RG>, payload: A[K]) => any
}
// ------------------------------------------------------------
//
export { Getters, Mutations, Actions }
```

■実装をはじめる前に型を定義する

state・getters・mutations・actionsがどのような実装になるのか、着手する前に型を定義します。修正・追加などが発生するときも、まず初めに型定義の修正から着手します。この定義は別ファイルに書き出しておくと、見通しがよくなります。

▶リスト8-3-28 src/stores/counterType.ts

```
export interface State {
  count: number
}

// getters向け、getter関数の戻り型を定義

export interface IGetters {
  double: number
  expo2: number
  expo: (amount: number) => number
}

// mutations向け、mutation関数のpayloadを定義

export interface IMutations {
  setCount: { amount: number }
  multi: number
  increment: void
}
```

```
// actions向け、action関数のpayloadを定義

export interface IActions {
  asyncSetCount: { amount: number }
  asyncMulti: number
  asyncIncrement: void
}
```

■実装をはじめる

各構成要素のアノテーション以外は、JavaScript実装のコードと変わらないものとなりました。それでありながら、型推論は隅々まで行き渡っています。

▶リスト8-3-29　src/stores/couter.ts

```
import { Getters, Mutations, Actions } from "./types"
import { State, IGetters, IMutations, IActions } from "./counterType"
// ______________________________________________________
//
const state: State = {
  count: 0
}
// ______________________________________________________
//
const getters: Getters<State, IGetters> = {
  double(state) {
    return state.count * 2
  },
  expo2(state) {
    return state.count ** 2
  },
  expo(state) {
    return amount => state.count ** amount
  }
}
// ______________________________________________________
//
const mutations: Mutations<State, IMutations> = {
  setCount(state, payload) {
    state.count = payload.amount
  },
  multi(state, payload) {
    state.count = state.count * payload
  },
  increment(state) {
    state.count++
  }
```

```
}
// ------------------------------------------------------
//
const actions: Actions<State, IActions, IGetters, IMutations> = {
  asyncSetCount(ctx, payload) {
    ctx.commit("setCount", { amount: payload.amount })
  },
  asyncMulti(ctx, payload) {
    ctx.commit("multi", payload)
  },
  asyncIncrement(ctx) {
    ctx.commit("increment")
  }
}
// ------------------------------------------------------
//
export default {
  namespaced: true,
  state,
  getters,
  mutations,
  actions
}
```

■本節のまとめ

TypeScriptで記述するStoreの型課題を解決することができました。しかしながら、解決した課題はStore内部での定義にとどまり、SFCでの利用には未だに課題が残っています。

RootState／**RootGetters**や、**Mutation**／**Action**のTree構造に即した文字列関数アクセスです。この課題への取り組みについては、「11-2 Vuexの型課題を解決する」を確認してください。

第9章

Express と TypeScript

TypeScriptの型安全は、フロントエンドに留まりません。Node.jsのWebアプリケーションサーバーをTypeScriptで記述すると、フロントエンドとバックエンド双方のつながりを強固にすることが可能です。本章では、開発サーバーから本番サーバーまで広く利用されている、Node.jsの定番Webアプリケーションサーバー「Express」の型定義について考察します。

9-1 TypeScirptで開発するExpress

「**Express**」は、Node.jsのWebアプリケーションでもっとも利用されているフレームワークです。数多くのHTTPユーティリティー・メソッドとミドルウェアを利用し、APIを迅速かつ容易に作成できます。ExpressもTypeScriptで実装することが可能であり、それによって静的型付けの恩恵を享受できます。**Expressは単体で利用するだけでなく、Next.jsやNuxt.jsの拡張基盤とする**こともできます（Next.js／Nuxt.jsの拡張は、Express以外を利用することも可能）。この拡張方法については別章で解説します。

ExpressにTypeScriptを導入する第一の目的は、**フレームワークが提供するAPIを正しく利用すること**です。ライブラリ提供の型定義が充実している現在、コードジャンプでライブラリが提供している型定義を読むことでも、そのライブラリの理解を深める一助となります。本節では、もっとも単純なExpressサーバー・Webクライアント開発を通じて、その第一歩を解説します。

▶図9-1-1　Express（https://expressjs.com/ja/）

■サンプルコード

https://github.com/takefumi-yoshii/ts-express-hands-on

本節のサンプルコードは、上記の筆者のGitHubリポジトリで公開しています。バージョンアップなどにより、誌面の解説内容とコードが一部異なることがあります。あらかじめご了承ください

9-1-1 開発環境の構築

本節では、基本的な理解のために、もっとも単純な構成で解説します。したがって、環境構築は、ローカル環境でコードが動くことを確認するまでに留めます。サーバーとクライアントをそれぞれ用意し、疎通確認を行います。

■npm packagesのインストール

package.jsonに記載されている必要最小限の「npm packages」は、リスト9-1-1のとおりです。また、「npm scripts」も設定します（packageのバージョンについては、この通りである必要はありません）。

▶リスト9-1-1　package.json

```
{
  "scripts": {
    "server": "ts-node-dev src/server/index.ts",
    "client": "parcel src/client/index.html",
    "start": "node dist/index.js"
  },
  "dependencies": {
    "axios": "^0.18.0",
    "cors": "^2.8.5",
    "express": "^4.16.4"
  },
  "devDependencies": {
    "@types/axios": "^0.14.0",
    "@types/cors": "^2.8.4",
    "@types/express": "^4.16.1",
    "parcel-bundler": "^1.12.3",
    "ts-node-dev": "^1.0.0-pre.32",
    "typescript": "^3.4.3"
  }
}
```

プロジェクトルートに**package.json**を設置したら、「**yarn install**」を実行します。

第1部
第1章
第2章
第3章
第4章
第5章
第6章
第2部
第7章
第8章
第9章
第10章
第11章

▶コマンド9-1-1　yarn install

```
$ yarn install
```

■tsconfig.jsonの生成

次に、**tsconfig.json**を「**tsc --init**」で生成します。

▶コマンド9-1-2　tsconfig.jsonの生成

```
$ tsc --init
```

生成された**tsconfig.json**に「**"moduleResolution": "node"**」を追加します。また、Expressアプリケーションでは、ルート・ハンドラーに利用しない引数が登場することが多々あるので、「**"noUnusedParameters": false**」も設定します。

▶リスト9-1-2　tsconfig.json

```
{
  "compilerOptions": {
    "target": "es5",
    "module": "commonjs",
    "moduleResolution": "node",
    "noUnusedParameters": false,
    "strict": true,
    "esModuleInterop": true
  },
  "include": [
    "src/**/*"
  ]
}
```

■プロジェクト構成

必要最小限のプロジェクト構成は次のとおりで、手動で作成します。「**yarn install**」で導入することを想定しているため、依存関係を記述したファイル「**yarn.lock**」が含まれています。

```
├── package.json
│   src
│    ├── client
│    │    ├── api.ts
│    │    ├── index.html
│    │    └── index.ts
│    ├── server
│    │    └── index.ts
│    │
```

```
│       └──── types
│             └──── pi.ts
├──── tsconfig.json
└──── yarn.lock
```

■サーバー開発環境「ts-node-dev」

ts-node-devを利用すると、TypeScriptコードのままで、Expressサーバーを実行できます。また、ファイル変更を検知し、サーバーの再起動を行ってくれます。

- ts-node-dev
  https://www.npmjs.com/package/ts-node-dev

まずはじめに、単純な出力を行います。

▶リスト9-1-3　src/server/index.ts

```
console.log('Hello World')
```

「**yarn server**」を実行すると、「**Hello World**」が出力され、プロセスが終了します。

▶コマンド9-1-3　yarn serverの実行

```
$ yarn server
yarn run v1.7.0
ts-node-dev src/server/index.ts
Using ts-node version 8.0.2, typescript version 3.4.1
Hello World
    Done in 1.70s.
```

Column ―ts-node-devのままでプロダクション実行は可能か？

ts-node-devは、あくまでも開発時のコンパイラーとするべきです。リクエストのたびにコンパイルが実行されるので、実行速度がよくありません。
プロダクション環境では、tscビルドや、webpackによるビルドを行ったコードを実行するようにします。

■クライアント開発環境「Parcel」

Parcelは、クライアント向けの開発サーバー（上のNode.jsサーバーとは別物）があらかじめビルトインされています。エントリーポイントとなるHTMLファイル（リスト9-1-4）には、本節のサンプルに必要な「ping」ボタンを1つだけ設置しておきます。

▶ リスト9-1-4　src/client/index.html

```
<!DOCTYPE html>
<html lang="en">
<head>
  <meta charset="UTF-8">
  <title>Document</title>
</head>
<body>
  <button id="ping">ping</button>
  <script src="./index.ts"></script>
</body>
</html>
```

「**yarn client**」を実行すると、「ping」ボタンだけが置かれたページが「**http://localhost:1234/**」で起動します。

▶ コマンド9-1-4　「yarn client」の実行

```
$ yarn client
yarn run v1.7.0
Parcel src/client/index.html
Server running at http://localhost:1234
     Built in 729ms.
```

ここまでで開発環境が整いました。

9-1-2　もっとも単純なExpressサーバー

はじめに用意した「**Hello World**」を出力するサーバーのエントリーポイントを次のように変更し、「**yarn server**」を実行します。これだけでExpressサーバーの立ち上げが可能です。

▶ リスト9-1-5　src/server/index.ts

```
import Express from 'express'

const app = Express()
// -----------------------------------------------------
//
// Routing

app.get('/', (req, res) => {
  const data = { message: 'pong' }
  res.send(data)
})
```

```
// ------------------------------------------------------------
//
// Express Server の起動

const port = 8888
const host = 'localhost'

app.listen(port, host, () => {
  console.log(`Running on http://${host}:${port}`)
})
```

Expressサーバーは「**http://localhost:8888**」で起動しているので、Webブラウザで開いてみます。画面には「**{"message":"pong"}**」が表示されるはずです。Expressサーバーを終了するには、Ctrl + C を入力します。

■基本的なルーティング

リスト9-1-6からリスト9-1-9までは、Expressの公式ドキュメントから引用したコードです。どのような型推論が適用されているか、確認してみてください。

▶ リスト9-1-6　/ルートに対するGET要求に「Hello World!」と応答

```
app.get('/', (req, res) => {
  res.send('Hello World!');
});
```

▶ リスト9-1-7　/ルートに対するPOST要求に応答

```
app.post('/', (req, res) => {
  res.send('Got a POST request');
});
```

▶ リスト9-1-8　/userルートに対するPUT要求に応答

```
app.put('/user', (req, res) => {
  res.send('Got a PUT request at /user');
});
```

▶ リスト9-1-9　/userルートに対するDELETE要求に応答

```
app.delete('/user', (req, res) => {
  res.send('Got a DELETE request at /user');
});
```

■型の付与は不要

冒頭でインストールした**@types/express**により、**app**インスタンスには適切な型が付与されています。基本的な使用では、ルート・ハンドラーに型を付与する必要はありません。

ここで紹介した基本的なルート・ハンドラーは、RequestHandler型に相当します。定義元は、**@types/express**と同時にインストールされる**@types/express-serve-static-core**に存在しています。

▶リスト9-1-10　node_modules/@types/express-serve-static-core/index.d.ts

```
export interface RequestHandler {
  (req: Request, res: Response, next: NextFunction): any
}

export type ErrorRequestHandler = (
  err: any,
  req: Request,
  res: Response,
  next: NextFunction
) => any

export type PathParams = string | RegExp | Array<string | RegExp>

export type RequestHandlerParams =
  | RequestHandler
  | ErrorRequestHandler
  | Array<RequestHandler | ErrorRequestHandler>

export interface IRouterMatcher<T> {
  (path: PathParams, ...handlers: RequestHandler[]): T
  (path: PathParams, ...handlers: RequestHandlerParams[]): T
  (path: PathParams, subApplication: Application): T
}
```

■Postmanでの確認

Webブラウザの閲覧では、単純なGETリクエストしか送信することができません。先の「基本的なルーティング」で設置したようなREST APIのデバッグには、**Postman**を利用すると便利です。

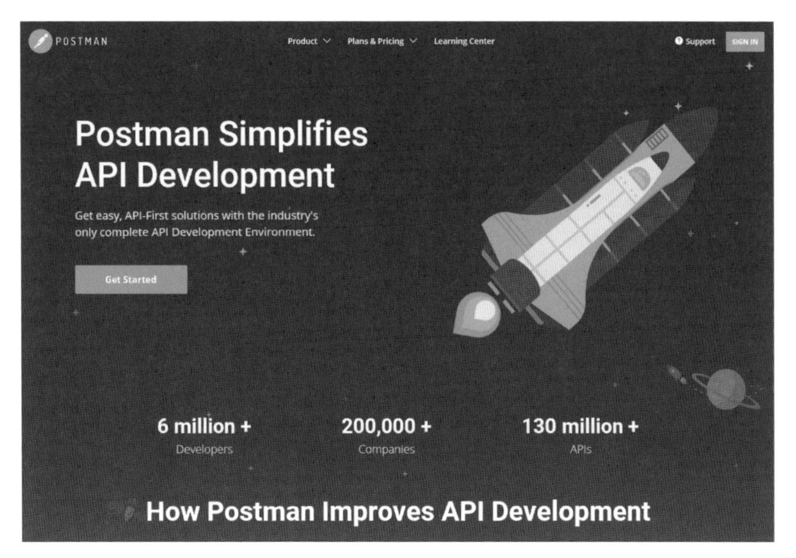

▶図9-1-2　Postman（https://www.getpostman.com/）

Postmanアプリケーションをダウンロードして起動すると、図9-1-3のような画面が表示されます。「METHOD」を変更したり、「Request Headers」に値を設定したり、各種パラメーターを、body要素に付与したりなど、さまざまなデバッグを行えます。Postmanの使い方の詳細については、公式ドキュメントを参照してください。

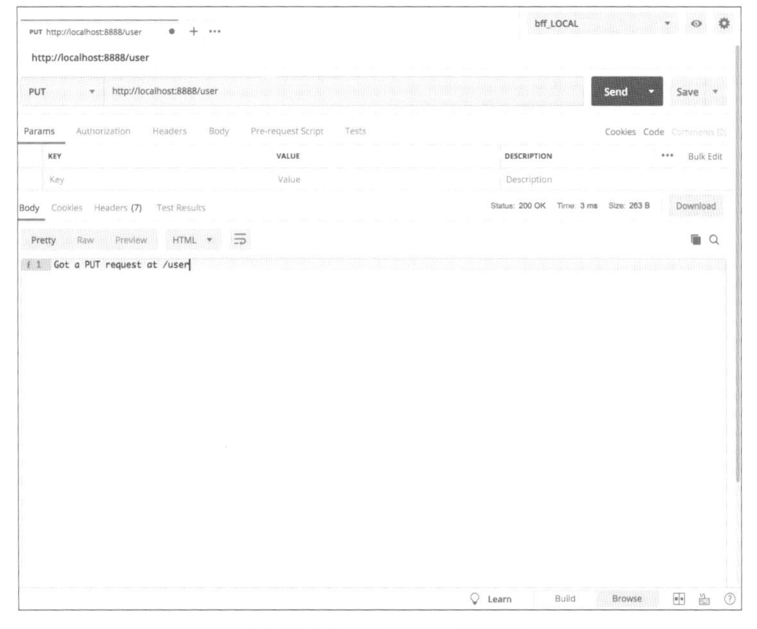

▶図9-1-3　Postmanの画面

9-1-3 ルート・ハンドラーとミドルウェア

前項の**index.ts**をもう少し拡張していきます。「**Get Route**」のエンドポイントを**/api/health**に変更しています。

▶リスト9-1-11　src/server/index.ts

```
import Express from 'express'
import cors from 'cors'

const app = Express()
// ______________________________________________________
//
// CORS対応

app.use(cors())
// ______________________________________________________
//
// Route

app.get('/api/health', (req, res) => {
  res.send({ message: 'pong' })
})
// ______________________________________________________
//
// Routeに一致しないRequest

app.use((req, res, next) => {
  res.sendStatus(404)
  next({ statusCode: 404 }) // ①
})
// ______________________________________________________
//
// Error Route

app.use(
  (
    err: { statusCode: number },
    req: Express.Request,
    res: Express.Response,
    next: Express.NextFunction
  ) => {
    console.log(err.statusCode)
  }
)
// ______________________________________________________
//
```

```
// Express Serverの起動

const port = 8888
const host = 'localhost'

app.listen(port, host, () => {
  console.log(`Running on http://${host}:${port}`)
})
```

■CORS対応

本節のサンプルでは、APIサーバー・Webクライアントサーバーは、それぞれ異なるポートのlocalhostで起動します。そのため、APIサーバーであるExpressで、Webクライアントサーバーからのリクエストを許可する必要があります。この対応にExpressのミドルウェアである**cors**を利用します。

- cors
  https://www.npmjs.com/package/cors

■ミドルウェア適用とルート・ハンドラーの一致の流れ

Expressは、ルート・ハンドラーの定義順に処理が実行されます。すべてのミドルウェア関数とルートのいずれにも一致しなかった場合、スタックの最下部に到達し、リクエストを処理することになります。これが、すなわち404となり、そのハンドリングをここで行います。

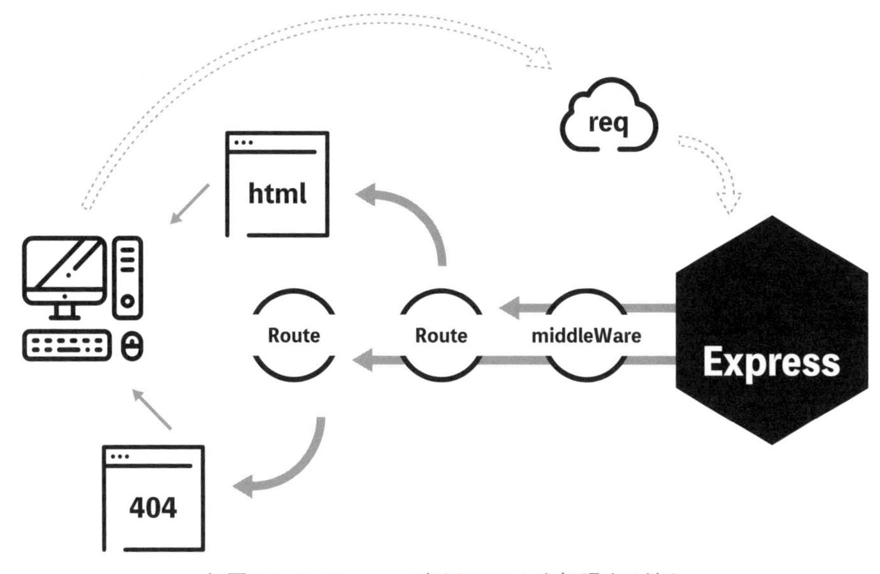

▶図9-1-4　Expressがリクエストを処理する流れ

■エラーロギング

Expressのルート・ハンドラー関数は、第三引数において**NextFunction**を取ります。この関数を実行することで、後続のミドルウェア関数に処理を移せます。通常、ミドルウェア関数では、引数をつけずに**next()**だけを実行しますが、リスト9-1-11の①では、「**{ statusCode: 404 }**」を送信しています。これは、後続のエラーロギングのためのものです。

上の**next**関数から受け取った「**{ statusCode: 404 }**」を、この終点のルート・ハンドラー関数で処理できます。このルート・ハンドラー関数は、**app.listen**の直前で宣言する必要があり、引数を4つ受け取ります。これがアプリケーションルーティング設定の終点であり、主にエラーロギングに利用します。この関数に到達するために、利用しない引数があっても、必ず引数を4つ記述します。

9-1-4 もっとも単純なWebクライアント

次に、Webクライアントのコードを実装していきます。まずはXMLHttpRequestをExpressサーバーに送信する準備をします。ここでは、XHRクライアントである**axios**を利用します。

● axios
https://www.npmjs.com/package/axios

■axiosインスタンスの生成

Expressサーバー接続のためのaxiosインスタンスを生成します。特定のAPIサーバーとやりとりをする上で、共通の設定を管理したい場合に有効な手法です。Expressサーバーの**baseURL**をあらかじめ設定しておくと、煩雑なRequestの設定を一元化できます。

▶ リスト9-1-12　src/client/api.ts

```
import axios from 'axios'

const port = 8888
const host = 'localhost'

export const axiosInstance = axios.create({
  baseURL: `http://${host}:${port}`,
  headers: {
    'Content-Type': 'application/json',
    xsrfHeaderName: 'X-CSRF-Token'
  },
  responseType: 'json'
})
```

■ボタン押下でRequestを送信する

先に生成したaxiosインスタンスで、GETリクエストを送ります。「ping」ボタンを押下することで、ブラウザコンソールに「pong」が表示されればゴールです。

▶リスト9-1-13　src/client/index.ts

```
import { axiosInstance } from './api'

const elem = document.getElementById('ping')
if (elem) {
  elem.addEventListener('click', () => {
    axiosInstance.get('/api/health').then(({ data }) => {
      console.log(data.message)
    })
  })
}
```

9-1-5　Responseの型をaxiosに付与する

前項のコードでは、レスポンスを受け取ってから**console.log(data.message)**を実行していました。しかし、この**data**を確認すると、any型になっていることがわかります。

サーバー・クライアント間で共有しなければいけないのは、APIのレスポンススキーマです。したがって、レスポンスに「**message: string**」が含まれることを示す型定義を、次のファイルに記述します。

▶リスト9-1-13　src/types/api.ts

```
export interface Health {
  message: string
}
```

クライアント側のコードに戻り、この型定義をインポートします。そして、axiosインスタンスの**get**関数直後にGenericsでレスポンス型を注入します（リスト9-1-14の①の**<Health>**）。

これで、クライアントサイドは型定義に守られるようになりました。

▶リスト9-1-14　src/client/index.ts

```
import { axiosInstance } from './api'
import { Health } from '../types/api'

const elem = document.getElementById('ping')
if (elem) {
  elem.addEventListener('click', () => {
```

```
    axiosInstance.get<Health>('/api/health').then(({ data }) => { // ①
      console.log(data.message) // (property) Health.message: string
    })
  })
}
```

axiosを使うメリットは、「設定が豊富」「instanceから特定のAPIサーバーに接続可能」「モックの作成が容易」といったことが挙げられます。そのほかに、このように型定義の注入もサポートしていることも大きな利点です。

9-1-6 Responseの型をExpressに付与する

今度は、Expressサーバーのレスポンスに、前項で定義した型を付与します。

▶リスト9-1-15　src/server/index.ts

```
import { Health } from '../types/api'

// ------------------------------------------------------
//
// Routing

app.get('/api/health', (req, res) => {
  const data: Health = { message: 'pong' } // ①
  res.send(data)
})
```

レスポンススキーマに対し、アノテーションでHealth型を宣言しています（①）。これで、Expressサーバーも型定義を遵守するようになりました。

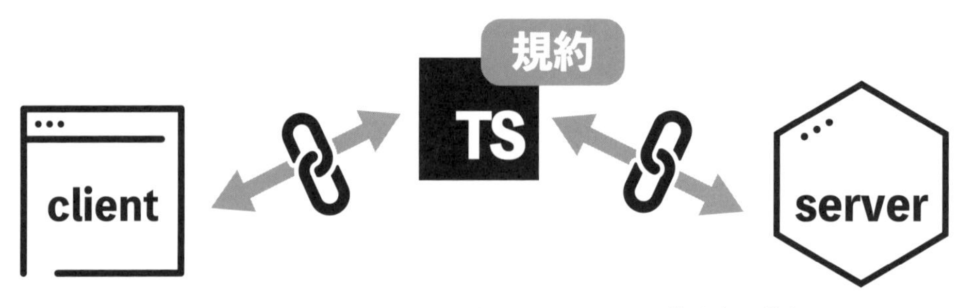

▶図9-1-5　クライアント・サーバーともにスキーマ（規約）を遵守する

■型定義を変更してみる

確認のために、Health型のスキーマを変更してみましょう。リスト9-1-16のように、新しいプロパティを追加したり、**message**を別のプロパティ名に変更してみます。

VS Codeなどのエディターで試してみると、即座にコンパイルエラーが得られることがわかります。

▶リスト9-1-16 src/types/api.ts

```
export interface Health {
  message: string
}
```

9-2 セッションの型定義

APIサーバーは、どのようなI/Oを備えているのでしょうか。また、アプリケーションサーバーが保持するセッション値には、どのようなものがあるのでしょうか。これらの「ドメインの知識」は、ビジネス要件やアプリケーション要件などに応じて定義されるものであり、プログラマーが保守管理しなければなりません。

TypeScriptが提供するのは、あくまでも「型システム」であり、ライブラリが提供するのは「APIのインターフェイスのみ」です。それらに「ドメインの知識」を教え込むことで、型システムはプロジェクト拡大を補佐するパートナーとなります。

本節では、セッションの型定義を通じて、型宣言の結合について解説します。サンプルとして、APIが呼び出された回数を記録する簡単なカウンターを作成します。

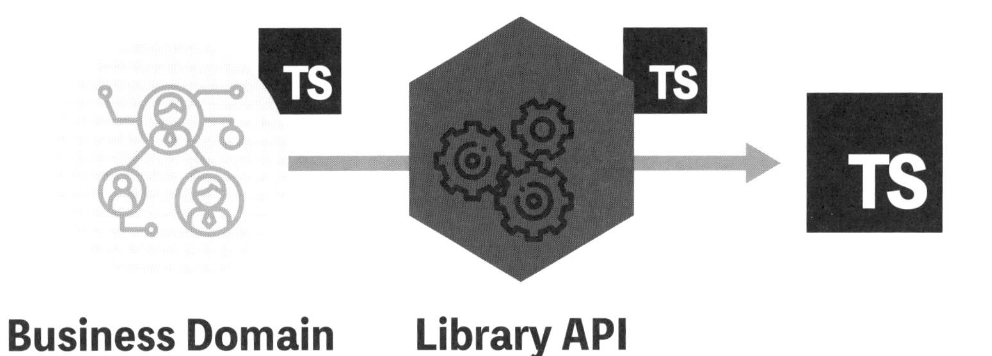

▶図9-2-1　ビジネスドメインの型・ライブラリAPIの型

■サンプルコード

https://github.com/takefumi-yoshii/ts-express-session

本節のサンプルコードは、上記の筆者のGitHubリポジトリで公開しています。バージョンアップなどにより、誌面の解説内容とコードが一部異なることがあります。あらかじめご了承ください

9-2-1 開発環境の構築

前節では、APIサーバーとWebクライアント向けサーバーをそれぞれ起動していました。本節では、「Redisクライアント・APIサーバー・Webクライアント」が載ったExpressサーバーを起動します。

webpack-dev-middlewareを利用すると、**webpack-dev-server**のような開発サーバーをExpressサーバーに組み込むことができます。本節も、ローカル環境でコードが動くことを確認するまでに留めます。

■npm packages のインストール

解説するサンプルに利用している**package.json**は、リスト9-2-1のとおりです。**tsconfig.json**は前節のものと同じで問題ありません。

▶リスト9-2-1　package.json

```
{
  "scripts": {
    "serve": "ts-node-dev src/server/index.ts",
    "redis": "ts-node-dev src/redis/index.ts"
  },
  "dependencies": {
    "axios": "^0.18.0",
    "body-parser": "^1.18.3",
    "connect-redis": "^3.4.1",
    "cookie-parser": "^1.4.4",
    "ejs": "^2.6.1",
    "express": "^4.16.4",
    "express-session": "^1.16.0",
    "http-errors": "^1.7.2",
    "redis-server": "^1.2.2"
  },
  "devDependencies": {
    "@types/axios": "^0.14.0",
    "@types/connect-redis": "^0.0.9",
    "@types/cookie-parser": "^1.4.1",
    "@types/express": "^4.16.1",
    "@types/express-session": "^1.15.12",
    "@types/http-errors": "^1.6.1",
    "@types/webpack-env": "^1.13.9",
    "ts-loader": "^5.3.3",
    "ts-node-dev": "^1.0.0-pre.32",
    "typescript": "^3.4.3",
    "webpack": "^4.29.6",
    "webpack-dev-middleware": "^3.6.2",
    "webpack-hot-middleware": "^2.24.3"
  }
}
```

■プロジェクト構成

プロジェクト構成は次のとおりです。手動で作成します。

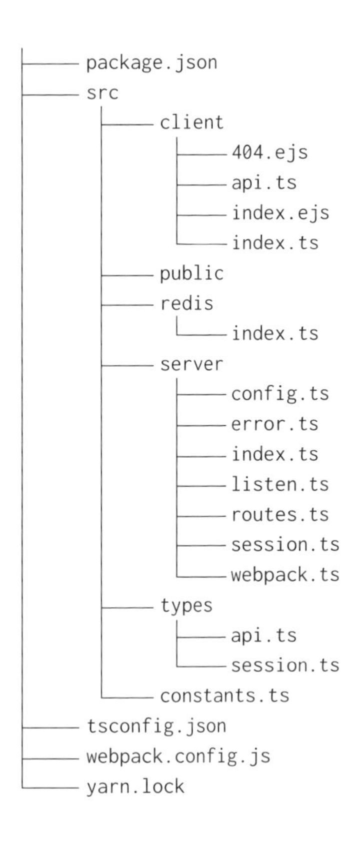

9-2-2 Redisサーバー

sessionの保持に、Node.jsのRedisサーバーである**redis-server**を利用します。

● redis-server
https://www.npmjs.com/package/redis-server

redis-serverはTypeScript向けの型定義が提供されておらず、DefinitelyTypedにも型定義はありません（執筆時現時点）。

それほど型の存在が重要ではないpackageには、`@ts-ignore`を付与することで、TypeScriptのコンパイルチェックをスキップできます。

▶リスト9-2-2　src/redis/index.ts

```
// @ts-ignore
import RedisServer from 'redis-server'
import { REDIS_HOST, REDIS_PORT } from '../constants'

const server = new RedisServer(REDIS_PORT)

server.open((err: any) => {
  if (err === null) {
    console.log(`Running on http://${REDIS_HOST}:${REDIS_PORT}`)
  } else {
    console.log(err)
  }
})
```

constants

HOST／PORTは別サーバーからも参照されるため、定数として宣言してエクスポートしておきます。ここでは環境変数に相当する定数をTypeScriptファイル（**constants.ts**）として管理していますが、実際のプロダクションコードでは**process.env**を参照することがほとんどです。

▶リスト9-2-3　src/constants.ts

```
export const APP_HOST = 'localhost'
export const REDIS_HOST = 'localhost'
export const APP_PORT = 3000
export const REDIS_PORT = 6379
```

このRedisサーバーを後続のExpressサーバーとは別プロセスで、あらかじめ起動しておきます。npm scriptsに記載した「**yarn redis**」を実行すると、**6379**番ポートで起動します。

9-2-3 Expressサーバーのエントリーポイント

Expressサーバーのエントリーポイントです。モジュール分割することで、どのモジュールが何を担っているのかが明確になります。ミドルウェアやハンドラーの適用順でアプリケーションの振る舞いが変わるので、注意してください。

▶リスト9-2-4　src/server/index.ts

```
import Express from 'express'
import config from './config'
import session from './session'
import webpack from './webpack'
import routes from './routes'
```

```
import error from './error'
import listen from './listen'

const app = Express()

config(app)  // Expressサーバーの基本的な設定をします
session(app) // Session middleWare ( Redisクライアント )の設定をします
webpack(app) // webpack middleWareの設定をします
routes(app)  // ルート・ハンドラーを記述します
error(app)   // エラーログなどの設定を記述します
listen(app)  // サーバーを起動します
```

■config

Expressサーバーの基本的な構成を設定するモジュールです。エントリーポイント「**inedx.ts**」で生成したExpressインスタンスを引数に取ります。この関数はExpress.Application型を引数に付与します。

今回は、シンプルなView（Webクライアント）を作るために、テンプレートエンジンの「EJS」を利用します。

▶ リスト9-2-5　src/server/config.ts

```
import path from 'path'
import Express from 'express'
import cookieParser from 'cookie-parser'
import bodyParser from 'body-parser'

export default (app: Express.Application) => {
  const publicDir = path.join(__dirname, '../public')
  const clientDir = path.join(__dirname, '../client')

  // 静的ファイルのホスティングディレクトリ指定
  app.use(Express.static(publicDir))
  // ViewにEJSを利用することを宣言
  app.set('view engine', 'ejs')
  // .ejsが置かれるディレクトリ指定
  app.set('views', clientDir)

  app.use(bodyParser.urlencoded({ extended: true }))
  app.use(cookieParser())
}
```

9-2-4　Redisサーバーへの接続とセッション

Sessionミドルウェアの設定です。**express-session**および**connect-redis**を用いて、冒頭で起動しておいたRedisサーバーに接続します。

▶ リスト9-2-6　src/server/session.ts

```
import Express from 'express'
import session from 'express-session'
import connectRedis from 'connect-redis'
import { REDIS_HOST, REDIS_PORT } from '../constants'

export default (app: Express.Application) => {
  const RedisStore = connectRedis(session)
  const option = {
    store: new RedisStore({
      host: REDIS_HOST,
      port: REDIS_PORT
    }),
    secret: 'keyboard cat',
    resave: false
  }
  app.use(session(option))
}
```

9-2-5 webpack-dev-middlewareの組み込み

Expressサーバーのミドルウェアとして、**webpack-dev-middleware**と**webpack-hot-middleware**を組み込みます。**devMiddleware**の第二引数では、オプションを設定します。

これだけで、**webpack-dev-server**のような開発サーバーとして、Expressサーバーが拡張されます。HMR（Hot Module Replacement）も適用されます。

▶ リスト9-2-7　src/server/webpack.ts

```
import Express from 'express'
const webpack = require('webpack')
const devMiddleware = require('webpack-dev-middleware')
const hotMiddleware = require('webpack-hot-middleware')
const config = require('../../webpack.config')
const compiler = webpack(config)

export default (app: Express.Application) => {
  if (process.env.NODE_ENV !== 'production') {
    app.use(hotMiddleware(compiler))
    app.use(
      devMiddleware(compiler, {
        noInfo: true,
        publicPath: config.output.publicPath
      })
    )
  }
}
```

各ミドルウェアの詳細は、それぞれのページを参照してください。

- **webpack-dev-middleware**
  https://www.npmjs.com/package/webpack-dev-middleware
- **webpack-hot-middleware**
  https://www.npmjs.com/package/webpack-hot-middleware

■webpack.config

リスト9-2-7の**config**相当のファイルです。バンドル用ではなく、開発サーバー向けのものであることに注意してください。

▶リスト9-2-8　webpack.config.js

```
const path = require('path')
const webpack = require('webpack')

module.exports = {
  mode: 'development',
  entry: [
    'webpack-hot-middleware/client',
    './src/client/index.ts'
  ],
  devtool: 'inline-source-map',
  devServer: {
    contentBase: path.resolve(path.join(__dirname, 'src/public')),
  },
  plugins: [ new webpack.HotModuleReplacementPlugin() ],
  output: {
    filename: 'index.js',
    publicPath: '/'
  },
  module: {
    rules: [
      {
        test: /\.(ts|tsx)$/,
        use: [{ loader: 'ts-loader' }],
        exclude: /node_modules/,
      }
    ]
  },
  resolve: {
    extensions: [ '.js', '.ts' ],
  }
}
```

9-2-6 エラーハンドラ・サーバー起動

404ハンドリングや エラーログなどの設定を記述します。「view engine」の指定をあらかじめ設定しているので、404画面などが必要な場合は、ここでレンダリングを行います。

エラーの発生には**http-errors**を利用して、**NextFunction**の引数はHttpError型を受け取るように付与します。

▶ リスト9-2-9　src/server/error.ts

```
import Express from 'express'
import createError, { HttpError } from 'http-errors'

export default (app: Express.Application) => {
  app.use((req, res, next) => {
    res.render('404.ejs')
    next(createError(404))
  })
  app.use(
    (
      err: HttpError,
      req: Express.Request,
      res: Express.Response,
      next: Express.NextFunction
    ) => {
      console.log(err.statusCode)
    }
  )
}
```

サーバーを起動するモジュールです。

▶ リスト9-2-10　src/server/listen.ts

```
import Express from 'express'
import { APP_HOST, APP_PORT } from '../constants'

export default (app: Express.Application) => {
  app.listen(APP_PORT, APP_HOST, () => {
    console.log(`Running on http://${APP_HOST}:${APP_PORT}`)
  })
}
```

9-2-7 Webクライアントコード

前節の「ping」ボタンはそのままの状態で、今度は「count」を表示する要素が追加されています。「**<%= count %>**」はEJSテンプレートの記法であり、Expressルート・ハンドラー内で「**res.render('index.ejs', { count: 1 })**」のように定義することで、「count」がEJSにレンダリングされます。

▶ リスト9-2-11　src/client/index.ejs

```
<!DOCTYPE html>
<html lang="en">
  <head>
    <meta charset="UTF-8">
    <title>Document</title>
  </head>
  <body>
    <p id="count"><%= count %></p>
    <button id="ping">ping</button>
    <script src="/index.js"></script>
  </body>
</html>
```

axiosインスタンス生成は、前節とほとんど同じです。

▶ リスト9-2-12　src/client/api.ts

```
import axios from 'axios'
import { APP_HOST, APP_PORT } from '../constants'

export const axiosInstance = axios.create({
  baseURL: `http://${APP_HOST}:${APP_PORT}`,
  headers: { 'Content-Type': 'application/json' },
  responseType: 'json'
})
```

■Expressサーバーへのリクエスト・レスポンスの反映

document.getElementById()の末尾に付与している「**!**」は「Non-null assertion」です。**null**かもしれない要素であることに変わりはないので、このアサーションを付与する場合、プログラマーは**要素が必ず存在する**ことを担保しなければなりません。今回のような自明なケースでは、冗長な条件分岐を省略するよりも、こちらのほうがよいでしょう。

Expressサーバーからのレスポンスによって、「**counter**」の値を変更します。

▶ リスト9-2-13　src/client/index.ts

```
import { axiosInstance } from './api'
import { Health } from '../types/api'

document.getElementById('ping')!.addEventListener('click', () => {
  axiosInstance.get<Health>('/ping').then(({ data }) => {
    const counter = document.getElementById('count')!
    counter.innerHTML = `${data.count}`
  })
})

// webpack-hot-middlewareのHMRを有効にする
if (module.hot) {
  module.hot.accept()
}
```

module.hot.accept()で、HMRを有効にしています。**@types/webpack-env**をインストールしておくことで、**module.hot**へのアクセスコンパイルエラーを回避できます。

9-2-8 Expressルート・ハンドラー

ルート・ハンドラーを記述していきます。新規セッションの場合、初期値を設定する目的で、事前にミドルウェアを挿入します。このミドルウェア関数では、**session.count**に「**0**」を代入しています。

このルート・ハンドラーには、画面向けのルート・ハンドラー、API向けのルート・ハンドラーが含まれています。

▶ リスト9-2-14　src/server/routes.ts

```
import Express from 'express'
import createError from 'http-errors'
import { Health } from '../types/api'

export default (app: Express.Application) => {
  // ______________________________________________________
  //
  // session.count初期化middleWare
  //
  app.use((req, res, next) => {
    if (req.session !== undefined) {
      if (req.session.count === undefined || req.session.count === null) {
        req.session.count = 0
      }
    }
    next()
```

```
  })
  // -----------------------------------------------------
  //
  // 画面表示用ルート・ハンドラー
  //
  app.get('/', (req, res, next) => {
    if (req.session) {
      const data: { count: number } = { count: req.session.count }
      res.render('index.ejs', data)
      return
    }
    next(createError(401))
  })
  // -----------------------------------------------------
  //
  // 「ping」ボタン押下時のルート・ハンドラー
  //
  app.get('/ping', (req, res, next) => {
    if (req.session) {
      req.session.count++
      const data: Health = { message: 'pong', count: req.session.count }
      res.send(data)
      return
    }
    next(createError(401))
  })
}
```

■拡張されているExpress.Request型

ここで**req**を参照すると、前節のサンプルでは存在しなかった**session**への型参照が追加されていることが確認できます。これは、**@types/express-session**をインストールしたことで、Express.Request型に対して型拡張が適用されたためです。

このような宣言結合の仕組みを利用し、Expressは追加したミドルウェアの型拡張を行っています。

▶ リスト9-2-15　node_modules/@types/express-session/index.d.ts

```
declare global {
  namespace Express {
    interface Request {
      session?: Session;
      sessionID?: string;
    }
  }
}
```

9-2-9 @types/express-sessionを拡張する

前項の**req.session.count**は、それぞれ責務の異なるハンドラーから参照されたり、代入が行われたりしていました。このコードがTypeScriptであるにもかかわらず、コンパイルエラーにならなかったのはなぜでしょうか。それは、**@types/express-session**で定義されているSessionData型を調べることでわかります。

▶ リスト9-2-16　node_modules/@types/express-session/index.d.ts

```
declare global {
  namespace Express {
    interface SessionData {
      [key: string]: any;
      cookie: SessionCookieData;
    }
  }
}
```

ここで付与されているインデックスシグネチャの「**[key: string]: any;**」は、「どんな名称のプロパティもany型で受け付ける」ということを示しています。通常のアプリケーションは、今回のサンプルのような小さいものではありません。さまざまなルート・ハンドラーから、**session**に格納された値が参照されることが想像できます。

■SessionData型を拡張する

このSessionData型に、プロジェクトドメインの知識として、「**count?: number**」プロパティをオーバーロードで与えます。この拡張定義は**@types/express-session**に記述するのではなく、プロジェクトの**include**スコープに含まれる任意のファイルに記述します。

▶ リスト9-2-17　src/types/session.ts

```
import Express from 'express'

declare global {
  namespace Express {
    interface SessionData {
      count?: number
    }
  }
}
```

追加したプロパティは、オプショナルプロパティとすることで、実装コードの安全性が高まります。この宣言により、前項のコードの問題点が明るみにでました。

▶リスト9-2-18　src/server/routes.ts

```
if (req.session) {
  // (property) global.Express.SessionData.count?: number | undefined
  req.session.count++ // Error!
  const data: Health = { message: 'pong', count: req.session.count } // Error!
  res.send(data)
  return
}
```

ここに条件分岐の**Type Guard**を与えることで、型としても、実行コードとしても安全なものになるように修正を行います。

▶リスト9-2-19　src/server/routes.ts

```
if (req.session) {
  if (req.session.count !== undefined) {
    req.session.count++
    const data: Health = { message: 'pong', count: req.session.count }
    res.send(data)
    return
  }
}
```

SessionDataが保持されていなければアプリケーションが成立しないようなものは、必ずしもオプショナルプロパティでなくてもよいでしょう。

9-3 Request・Responseの型を拡張する

従来のMVCフレームワークに則ったWebクライアントは、REST APIの詳細を、ドキュメントに従うほかありませんでした。TypeScriptでは、BFFとWebクライアント間の疎通ミスを防ぐために型システムを活かすことができます。**Express BFF**を導入すると、ルート・ハンドリングの責務はすべてExpressが担います。そして、ルート・ハンドリングに対応するリクエスト・レスポンスの設計も実装担当者が請け負います。もちろん、「どのように型定義を実装するのか」ということも含まれます。

`@types/express`が提供する型を拡張することで、実装時の可読性・作業効率を向上したり、ミスを防ぐことができます。本節ではこの手法について考察していきます。

■サンプルコード
https://github.com/takefumi-yoshii/ts-express-expand-reqres
本節のサンプルコードは、上記の筆者のGitHubリポジトリで公開しています。バージョンアップなどにより、誌面の解説内容とコードが一部異なることがあります。あらかじめご了承ください

9-3-1 @typesで提供されているのはAPIの型だけ

Expressのルート・ハンドラー関数が受け取る`req`引数を次のように付与しても、`req`引数のパラメーター型を推論することはできません。前節と同様に、プロジェクトドメインの知識に相当するものなので、当然といえば当然です。

▶ リスト9-3-1 src/routes/get.ts

```
app.get(
  '/user/greet/:id',
  (
    req: Express.Request,
    res: Express.Response,
    next: Express.NextFunction
  ) => {
    console.log(req.query)  // (property) Request.query: any
    console.log(req.params) // (property) Request.params: any
    console.log(req.body)   // (property) Request.body: any
  }
)
```

このanyとなってしまっている型を、プロジェクト要件に則した定義に推論させ、BFF・Webクライアント間で共有し、型定義の変更にどちらも追従できていることが本節のゴールです。

■期待する引数型

Express.Request型は、ここで拡張を試みるプロパティ以外にも、Expressの仕様に沿った多くの型定義を含んでいます。これらの既存定義を損失せずに、必要な型情報だけを注入できる仕様が求められます。

Webクライアントで利用した「axios」は、そういった要件に適う型定義を備えていました。入力型・出力型が完全に守られた、ここで求めている書式はリスト9-3-2のようなものです。

▶ リスト9-3-2　src/routes/get.ts

```
app.get(
  '/user/greet/:id',
  (
    req: Express.Request<{ params: { id: string }}>,
    res: Express.Response<{ message: string }>,
    next: Express.NextFunction
  ) => {
    const message = `Hello, userID:${req.params.id}`
    res.send({ message })
  }
)
```

Express.Request型は **@types/express-serve-static-core** に定義が存在していますが、このままでは、このようなGenericsによる注入はできません。まずは、Genericsによる注入を可能にするための拡張を行います。

9-3-2 Express.Request型を拡張する

この課題へのアプローチとして、前節で解説したSessionData型の拡張のように、ライブラリの型をオーバーロードする方法が考えられます。ただし、今回拡張対象となるExpress.Request型は、もともとGenericsを注入できる型定義にはなっていません。

したがって、「同一の型パラメーターである必要があります」というメッセージが表示され、①のオーバーロードは失敗します。そのため、**Express.Request型を継承した新たな型（Express.ExRequest）**を用意することで回避します。

▶ リスト9-3-3　src/types/express.ts

```
import Express from 'express'
```

```
declare module 'express' {
  interface RequestParams {
    query?: any;
    params?: any;
    body?: any
  }
  // Error! Genericsを追加したオーバーロードは失敗する
  interface Request<T extends RequestParams> { // ①
    params: T['params']
    query: T['query']
    body: T['body']
  }
  // 別型であるため成功する
  interface ExRequest<T extends RequestParams> extends Express.Request {
    params: T['params']
    query: T['query']
    body: T['body']
  }
}
```

Express.ExRequest型はプログラマーによって拡張された型定義ですが、「**declare module 'express'**」によって、Expressに定義されているものとして参照できます。また、次のような指定で、推論を適用することが可能となりました。

▶リスト9-3-4　src/routes/get.ts

```
app.get(
  '/user/greet/:id',
  (
    req: Express.ExRequest<{ params: { id: string }}>,
    res: Express.Response,
    next: Express.NextFunction
  ) => {
    console.log(req.params.id)  // (property) id: string
  }
)
```

9-3-3 Express.Response型を拡張する

同様に、Express.Response型も、別型として拡張型を定義します。**res.send**関数において、型定義に沿った値を送信することが求められるため、ここでもGenericsによる型情報の注入を受け取ります。

ここまでで、期待していた引数型の付与が可能になりました。

▶ リスト9-3-5　src/types/express.ts

```
import Express from 'express'
import { HttpError } from 'http-errors'

declare module 'express' {
  interface RequestParams {
    query?: any;
    params?: any;
    body?: any
  }
  interface ExRequest<T extends RequestParams> extends Express.Request {
    params: T['params']
    query: T['query']
    body: T['body']
  }
  // res.send を拡張するために設けたExResponse型
  interface ExResponse<T> extends Express.Response {
    send: (body?: T) => ExResponse<T>
  }
  // エラーハンドル時 err?: HttpErrorを引数にとらなければならない指定
  interface ExNextFunction {
    (err?: HttpError): void
  }
}
```

リスト9-3-5では、さらにルート・ハンドラーの第三引数でもあるNextFunction型も拡張しています。このプロジェクトでは、エラーハンドリングに**http-errors**モジュールを利用していることを想定しています。発生するエラーを**http-errors**を利用したものに制約するために、HttpError型を付与します。

これで、**next**関数の引数にも、意図しない指定が混入しない型制約が適用されたことになります。

▶ リスト9-3-6　src/routes/get.ts

```
app.get(
  '/user/greet/:id',
  (
    req: Express.ExRequest<{ params: { id: string }}>,
    res: Express.ExResponse<{ message: string }>,
    next: Express.ExNextFunction
  ) => {
    const message = `Hello, userID:${req.params.id}`
    res.send({ message })
  }
)
```

9-3-4 Lookup Typesによる文字列からの型参照

ここまでの定義で、Expressの型定義にドメインの知識を注入することが可能となりました。しかしながら、まだ課題が残っています。

特定のエンドポイントに対し、Request・Responseの内容は「対」であることが求められます（下記の①②③は対でなければなりません）。スキーマのみが担保されていても、リファクタリングなどによってエンドポイントが変更になった場合、その不整合を型システムで検知することができません。

▶ リスト9-3-7 src/routes/get.ts

```
app.get(
  '/user/greet/:id', // ①
  (
    req: Express.ExRequest<{ params: { id: string }}>, // ②
    res: Express.ExResponse<{ message: string }>,      // ③
    next: Express.ExNextFunction
  ) => {
    const message = `Hello, userID:${req.params.id}`
    res.send({ message })
  }
)
```

■Lookup Types

この課題への取り組みとして、Lookup Typesを活用します。たとえば、次のようなインターフェイスがある場合、test関数は次のような制約が設けられます。

- 第一引数は **'/path/to/a' | '/path/to/b' | '/path/to/c'** しか受け付けない
- 指定された第一引数から、第二引数はそれぞれ、**A**・**B**・**C**しか受け付けない

▶ リスト9-3-8 Lookup Typesによる第二引数の制約

```
interface Sample {
  '/path/to/a': 'A'
  '/path/to/b': 'B'
  '/path/to/c': 'C'
}
function test<T extends keyof Sample>(path: T, value: Sample[T]){}
test('/path/to/a', 'A') // 第二引数は 'A' に制約される
test('/path/to/b', 'B') // 第二引数は 'B' に制約される
test('/path/to/c', 'C') // 第二引数は 'C' に制約される
```

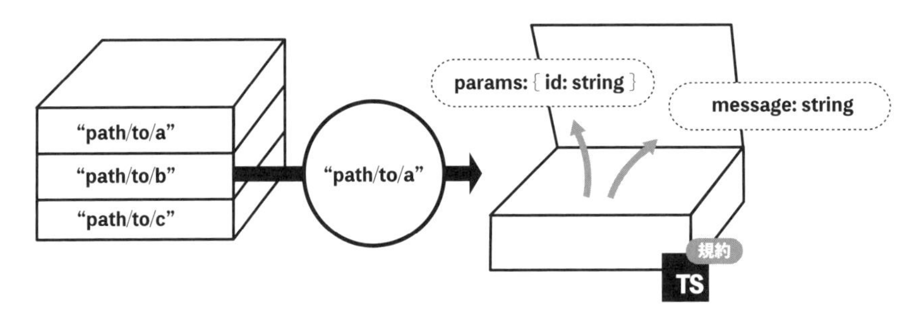

▶図9-3-1　Lookup Typesによるスキーマの特定

この規約を用いることで、文字列から型を取り出すことが可能になります。このLookupTypesの付与で、エンドポイント文字列から、**req**／**res**の型を取り出すには、次のような定義となります。

▶リスト9-3-9　src/types/get.ts

```
export interface GET {
  '/user/greet/:id': {
    req: { params: { id: string }}
    res: { message: string }
  }
}
```

この型定義を、**app.get**関数型に適用していきます。

9-3-5 app.get関数型を拡張する

Expressルート・ハンドラーの1つである**app.get**の型定義は、次のとおりです。

▶リスト9-3-10　node_modules/@types/express-serve-static-core.ts

```
export interface Application extends EventEmitter, IRouter, Express.Application {
  get: ((name: string) => any) & IRouterMatcher<this>;
}
```

あらかじめ、これまでに定義した拡張型（ExRequest、ExResponse、ExNextFunction）が付与されたExRequestHandler型を用意します。そして、get関数型に対し、**interface Application**内でオーバーロードを施します（①）。

「**<P extends keyof GET>**」によるLookup Typesの効果によって、第一引数はGET型が持つプロパティ名称（エンドポイント文字列）のみを受付ます。第二引数は、第一引数の文字列に応じて型が絞り込まれ（**GET[P]**）、その後、**ExRequestHandler**として付与されます。

▶ リスト9-3-11　src/types/express.ts

```
import Express from 'express'
import { GET } from './get'

declare module 'express' {
  // ... 中略 ...
  interface ExRequestHandler<T extends { req?: any; res?: any }> {
    (
      req: ExRequest<T['req']>,
      res: ExResponse<T['res']>,
      next: ExNextFunction
    ): any
  }

  interface Application {
    get: (<P extends keyof GET>( // ①
      path: P,
      ...requestHandlers: ExRequestHandler<GET[P]>[]
    ) => any) &
      IRouterMatcher<this>
  }
}
```

これでエンドポイント文字列と、ハンドラー関数の引数が対になりました。ハンドラー関数の引数（**req**、**res**、**next**）は、**すでに型推論が適用されているためアノテーション付与は不要**になります。そして、**エンドポイント文字列も既知であるため**、VS Codeなどのエディターでは、エンドポイント文字列の候補が表示されます。

まったく型情報がないように見える次のコードも、実際には隅々まで型推論が行き届いています。

▶ リスト9-3-12　src/routes/get.ts

```
app.get('/user/greet/:id', (req, res, next) => {
  res.send({ message: `Hello, userID:${req.params.id}` })
})
```

改めて次の定義を確認しまてみましょう。また、エンドポイント文字列を変更したり、Request・Responseの内訳を変更すれば、コンパイルエラーが得られることを確認できます。

▶ リスト9-3-13　src/types/get.ts

```
export interface GET {
  '/user/greet/:id': {
    req: { params: { id: string } }
    res: { message: string }
  }
}
```

もし**app.get**関数の第一引数を、GET型のいずれのkeyにも該当しない文字列で指定をした場合、オーバーロードにより定義された、別の引数型を型システムは辿ります。

注意！

型定義にあるとおり、Pathパラメーター（PathParams型）は文字列に限りません。文字列Arrayや、正規表現によるマッチングも含まれています。ここでの解説は、特定の文字列エンドポイントを想定していることをご了承ください。

▶ node_modules/@types/express-serve-static-core.ts

```
export type PathParams = string | RegExp | Array<string | RegExp>;
```

9-3-6　ほかのルート・ハンドラー関数も拡張する

本節で定義した、Express向けの拡張型は、リスト9-3-14のとおりです。

REST APIにはGETメソッド以外もあるので、必要に応じて**get**関数以外も拡張するとよいでしょう。

▶ リスト9-3-14　src/types/express.ts

```
import Express from 'express'
import { HttpError } from 'http-errors'
import { GET } from './get'
import { POST } from './post'
import { PUT } from './put'

declare module 'express' {
  interface RequestParams {
    query?: any
    params?: any
    body?: any
  }
  interface ExRequest<T extends RequestParams> extends Express.Request {
    params: T['params']
```

```
    query: T['query']
    body: T['body']
  }
  interface ExResponse<T> extends Express.Response {
    send: (body?: T) => ExResponse<T>
  }
  interface ExNextFunction {
    (err?: HttpError): void
  }
  interface ExRequestHandler<T extends { req?: any; res?: any }> {
    (
      req: ExRequest<T['req']>,
      res: ExResponse<T['res']>,
      next: ExNextFunction
    ): any
  }
  interface Application {
    get: (<P extends keyof GET>(
      path: P,
      ...requestHandlers: ExRequestHandler<GET[P]>[]
    ) => any) &
      IRouterMatcher<this>

    post: (<P extends keyof POST>(
      path: P,
      ...requestHandlers: ExRequestHandler<POST[P]>[]
    ) => any) &
      IRouterMatcher<this>

    put: (<P extends keyof PUT>(
      path: P,
      ...requestHandlers: ExRequestHandler<PUT[P]>[]
    ) => any) &
      IRouterMatcher<this>
  }
}
```

9-3-7 Webクライアントにも適用する

Expressサーバーで行ったREST APIスキーマの注入を、Webクライアントにも施します。ここでもaxiosの特徴を活かし、特定のAPIコンポーネントに絞った型規約を注入できます。

Expressで行った型拡張と同様に、Lookup Typesを活用して、axiosInstance関数のGenericsに注入します。

Webクライアントは、ここでエクスポートされたproxy関数を利用します。

▶リスト9-3-15　src/client/api.ts

```
import axios, { AxiosRequestConfig } from 'axios'
import { APP_HOST, APP_PORT } from '../constants'
import { GET } from '../types/get'
import { POST } from '../types/post'
import { PUT } from '../types/put'

export const axiosInstance = axios.create({
  baseURL: `http://${APP_HOST}:${APP_PORT}`,
  headers: { 'Content-Type': 'application/json' },
  responseType: 'json'
})

export function apiGet<T extends keyof GET>(
  path: T,
  config?: AxiosRequestConfig
) {
  return axiosInstance.get<GET[T]['res']>(path, config)
}
export function apiPost<T extends keyof POST>(
  path: T,
  data?: POST[T]['req']['body'],
  config?: AxiosRequestConfig
) {
  return axiosInstance.post<POST[T]['res']>(path, data, config)
}
export function apiPut<T extends keyof PUT>(
  path: T,
  data?: PUT[T]['req']['body'],
  config?: AxiosRequestConfig
) {
  return axiosInstance.put<PUT[T]['res']>(path, data, config)
}
```

前節まで、都度Generics注入で付与していたResponse型も、Lookup Typesの恩恵によって、一元管理の下に注入されるようになりました。

定常開発においては、Webクライアントサイドは「定義を探して型を付与する」ことがなくなります。

▶リスト9-3-16　src/types/get.ts

```
export interface GET {
  '/ping': {
    res: { count: number }
  }
}
```

▶ リスト9-3-17　src/client/index.ts

```
import { apiGet } from './api'

document.getElementById('ping')!.addEventListener('click', () => {
  apiGet('/ping').then(({ data }) => {
    const counter = document.getElementById('count')!
    counter.innerHTML = `${data.count}` // (property) count: number
  })
})
```

第 10 章

Next.js と TypeScript

Next.jsは、Reactを利用したユニバーサルWebアプリケーションフレームワークです。機能を実装するのと同じように、状態管理・BFFを統合するまでの間、さまざまな型定義を積み重ねることが必要になります。本章では、型の宣言空間を活用し、一歩踏み込んだ型定義に挑みます。

10-1 TypeScriptではじめるNext.js

Next.jsは、SSR（Server Side Rendering）・SPA（Single Page Application）を統合したReactアプリケーションを開発するフレームワークです。「Code Splitting」[※1]やSSRの自動化に加え、ホットリロードによる高速な開発環境構築など、フロントエンド開発環境を提供してくれます。

pagesディレクトリに**React Component**ファイルを設置するだけで、自動的にプロジェクトのルーティングを行ってくれることが特徴です。**pages**ディレクトリに配備された**React Component**は、サーバーサイドコードとしてHTTPリクエストを受け取ることが可能です。

Next.jsは、ReactによるユニバーサルWebアプリの構築をサポートし、SPA／SSRの統合、Node.jsのWebアプリケーションサーバーとの統合を担います。状態管理・その他のサードパーティ製のライブラリ導入は、プログラマーに委ねられています。フレームワークとしてはミニマルな構成といえます。

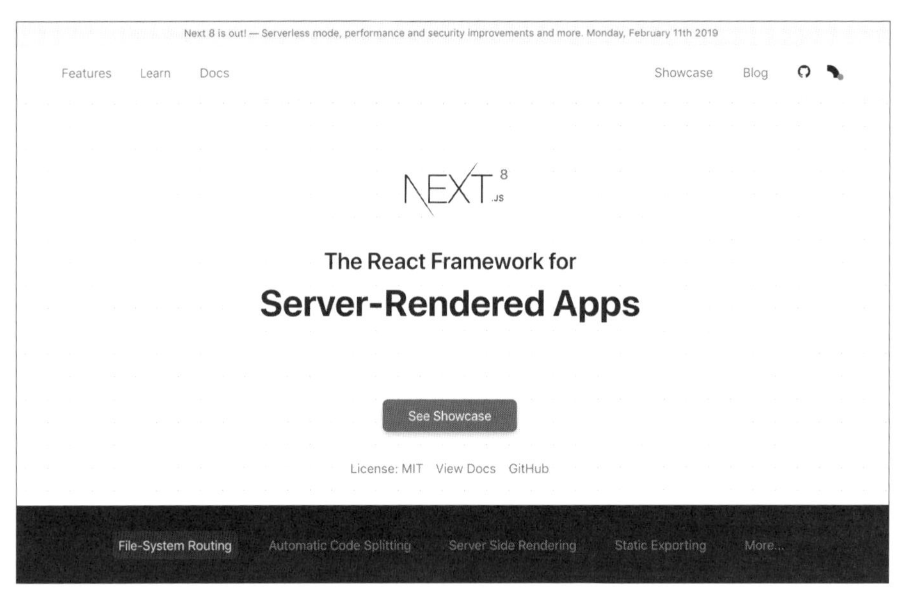

▶図10-1-1　Next.js（https://nextjs.org/）

DefinitelyTypedから提供されている**@types/next**を利用すると、Next.jsの型定義は一通り揃えることができます。本節では、**@types/next**を利用法したNext.jsプロジェクトのTypeScript化を解説します。

※1　ソースコードのビルドを分割する仕組み。コードを必要に応じてロードするため、アプリケーション初期ロードのパフォーマンス向上に寄与する。

■サンプルコード

https://github.com/takefumi-yoshii/ts-nextjs-hands-on

本節のサンプルコードは、上記の筆者のGitHubリポジトリで公開しています。バージョンアップなどにより、誌面の解説内容とコードが一部異なることがあります。あらかじめご了承ください。

10-1-1 開発環境の構築

まずはじめに、Next.jsの基本を理解するため、JavaScriptで記述するNext.jsプロジェクトを作成します。必要になる**npm packages**はリスト10-1-1のとおりです。

▶リスト10-1-1　package.json

```
{
  "scripts": {
    "dev": "next",
    "build": "next build",
    "start": "next start"
  },
  "dependencies": {
    "next": "^8.0.3",
    "react": "^16.8.4",
    "react-dom": "^16.8.4"
  }
}
```

Next.jsではプロジェクトをビルドするため、バンドラーの**webpack**がビルトインされています。TypeScriptを利用しないプロジェクトであれば、特別な設定をする必要なく開発をはじめることができます。もっとも単純なプロジェクト構成は次のとおりで、トップページだけを表示する構成です。

```
├─── node_modules
├─── package.json
├─── pages
│     └─── index.jsx
├─── .babelrc
├─── next.config.js
├─── package.json
├─── tsconfig.json
└─── yarn.lock
```

▶リスト10-1-2　pages/index.jsx

```
import React from 'react'
const Page = props => (
  <div>Welcome to next.js!</div>
)
export default Page
```

これで、Next.jsアプリケーションを開発できる環境が整いました。

▶コマンド10-1-1　アプリケーションの起動

```
$ yarn dev
```

10-1-2 Next.jsにTypeScriptを導入する

Next.jsにTypeScriptを導入するには、**@zeit/next-typescript**が必要です。先ほどの**package.json**をリスト10-1-3のように修正しました。React向けの型定義も、DefinitelyTypedからダウンロードします。

▶リスト10-1-3　package.json

```
{
  "scripts": {
    "dev": "next",
    "build": "next build",
    "start": "next start"
  },
  "dependencies": {
    "next": "^8.0.3",
    "react": "^16.8.4",
    "react-dom": "^16.8.4"
  },
  "devDependencies": {
    "@types/next": "^8.0.1",
    "@types/react": "^16.8.7",
    "@types/react-dom": "^16.8.2",
    "@zeit/next-typescript": "^1.1.1",
    "ts-node": "^8.0.3",
    "typescript": "^3.4.1"
  }
}
```

next.config.jsは、Next.jsの設定を記述するファイルです。TypeScriptを利用するための必要最小限の設定は、リスト10-1-4のとおりです。

▶リスト10-1-4　next.config.js

```
const withTypescript = require('@zeit/next-typescript')
module.exports = withTypescript()
```

併せて、**.babelrc**が必要です。

▶リスト10-1-4　.babelrc

```
{
  "presets": [
    "next/babel",
    "@zeit/next-typescript/babel"
  ]
}
```

さらに、**tsconfig.json**も作成します。**include**の指定に、「ts」「tsx」が含まれるglobパターンを指定します。

▶リスト10-1-5　tsconfig.json

```
{
  "compilerOptions": {
    "target": "es5",
    "module": "commonjs",
    "moduleResolution": "node",
    "noUnusedParameters": false,
    "strict": true,
    "esModuleInterop": true,
    "jsx": "react"
  },
  "include": [
    "pages/**/*",
    "layouts/**/*",
    "components/**/*"
  ]
}
```

■TSXに書き換える

これで、Next.jsへのTypeScriptの導入が完了です。

さっそく、**.jsx**だったファイルを**.tsx**に変更し、型を付与できることを確認してみましょう。

▶ リスト10-1-6　pages/index.tsx

```
import React from 'react'
import Next from 'next'
const Page: Next.NextFC = props => (
  <div>Welcome to next.js!</div>
)
export default Page
```

10-1-3 Custom Componentと型

これまで、コンポーネントが含まれるディレクトリは**pages**のみでした。**pages**ディレクトリは、ファイルが存在することで**自動的にルーティングが割り当て**られてしまいます。したがって、予期しないルーティングを避けるため、pageを構成するコンポーネントは別のディレクトリに配備します。

- **layouts**：HTMLテンプレートとして振る舞うコンポーネントを配備するディレクトリ
- **components**：pageを構成するコンポーネントを配備するディレクトリ

現状のプロジェクト構成は次のとおりです。

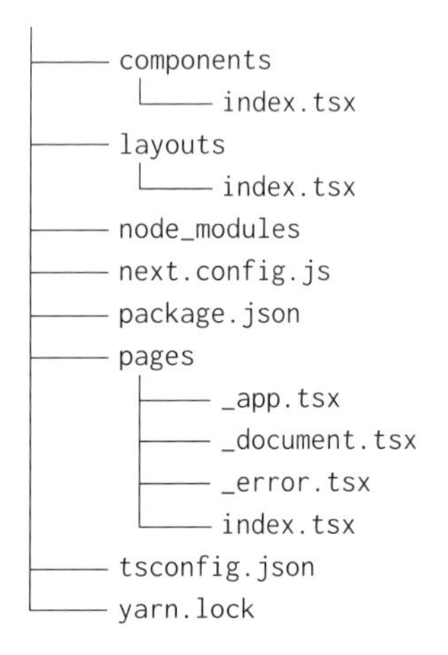

pagesディレクトリには、「**_**」で始まる特別なコンポーネントが含まれています。これは、Next.jsが提供する基本機能を拡張するCustom Componentファイルです。それぞれ**@types/next**から提供されている型定義と併せて、その振る舞いを確認していきます。

■Layouts

HTMLテンプレートとして、リスト10-1-7のようなコンポーネントを用意します。Head・Main・NextScriptは、Next.jsが自動で必要なアセットを挿入する、特別なコンポーネントです。

▶ リスト10-1-7　layouts/index.tsx

```
import * as React from 'react'
import { Head, Main, NextScript } from 'next/document'
// ______________________________________________________
//
export default () => (
  <html>
    <Head />
    <body>
      <Main />
      <NextScript />
    </body>
  </html>
)
```

■Components

これまで**pages/index.tsx**に配備していたコンポーネントを**components/index.tsx**に移動します。自動ルーティングを適用させたくないページを構成するコンポーネントは、基本的にこのディレクトリに作り込んでいきます。

▶ リスト10-1-8　components/index.tsx

```
import React from 'react'
import Next from 'next'
// ______________________________________________________
//
const Component: Next.NextFC<Props> = props => (
  <div>Welcome to next.js!</div>
)
// ______________________________________________________
//
export default Component
```

■Custom Document

pagesディレクトリの全ページの高階コンポーネントとして適用されるのが**_document.tsx**です。**_document.tsx**には、サーバーサイドのみで実行される共通処理を記述します。**getInitialProps**関数の引数である**ctx**には、サーバーサイドのみで受け取ることができる**req**／**res**が含まれています。あらかじめ準備した**layouts/index.tsx**を**render**関数で返します。

▶リスト10-1-9　pages/_document.tsx

```
import * as React from 'react'
import Document, { NextDocumentContext } from 'next/document'
import DefaultLayout from '../layouts/index'
// ______________________________________________________
//
export default class extends Document {
  static async getInitialProps(ctx: NextDocumentContext) {
    const initialProps = await Document.getInitialProps(ctx)
    return { ...initialProps }
  }
  render() {
    return <DefaultLayout />
  }
}
```

■Custom App

Next.jsはAppコンポーネントを使ってページを初期化します。**pages**ディレクトリに**_app.tsx**コンポーネントを配備すると、すべてのページコンポーネントで共通する処理を実行できます。これを活用することにより、ReduxのProviderを設け、Store初期データを注入するといったことなどが可能になります。

▶リスト10-1-10　pages/_app.tsx

```
import React from "react";
import App, { Container, NextAppContext } from "next/app";

export default class extends App {
  static async getInitialProps({ Component, ctx }: NextAppContext) {
    let pageProps = {}
    if (Component.getInitialProps) {
      pageProps = await Component.getInitialProps(ctx)
    }
    return { pageProps }
  }

  render() {
    const { Component, pageProps } = this.props
```

```
    return (
      <Container>
        <Component {...pageProps} />
      </Container>
    );
  }
}
```

■Custom Error

ほとんどの場合、「HTTP status 404」などのページは独自に構成したいはずです。そのためには、**pages**ディレクトリに**_error.tsx**コンポーネントを配備します。

▶リスト10-1-11　pages/_error.tsx

```
import React from 'react'
import { NextContext } from 'next'
import Head from 'next/head'
// ______________________________________________________
//
type Props = {
  title: string
  errorCode: number
}
// ______________________________________________________
//
class Error extends React.Component<Props> {
  static async getInitialProps({ res }: NextContext): Promise<Props> {
    return {
      title: `Error: ${res!.statusCode}`,
      errorCode: res!.statusCode
    }
  }
  render() {
    return (
      <>
        <Head>
          <title>{this.props.title}</title>
        </Head>
        {this.props.errorCode}
      </>
    )
  }
}

export default Error
```

■pages/index.tsx

ルーティングに対応するページコンポーネントです。**pages/index.tsx**コンポーネントは、「**localhost:3000**」にアクセスした際に表示されるページです。たとえば、**localhost:3000/test**というページを設けたい場合、**pages/test.tsx**または**pages/test/index.tsx**ファイルを設置することで、自動的にルーティングが適用されます。

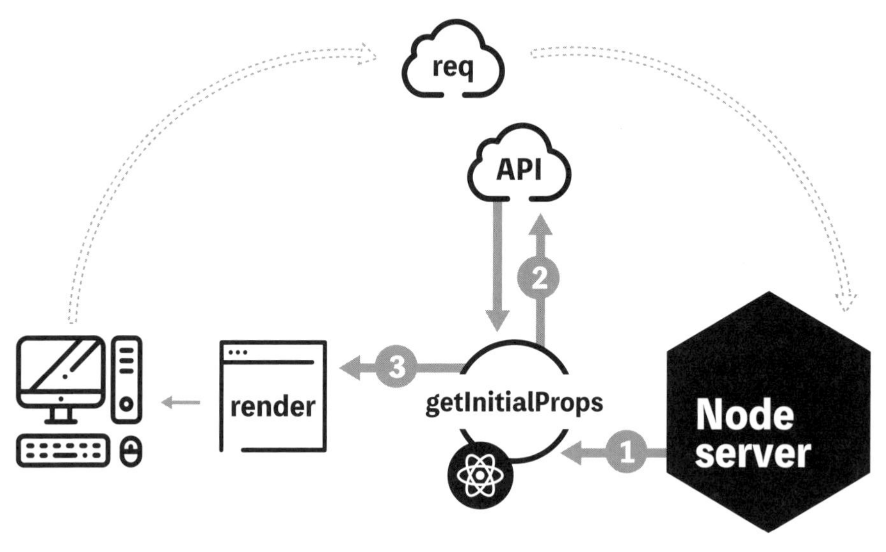

▶図10-1-2　Node.jsのWebアプリケーションサーバーからRequestが伝搬するフロー

このページコンポーネントが持つ**getInitialProps**関数は、ページがレンダリングされる前に実行される非同期関数です。この関数内で、各々のページで必要な外部リソースなどを取得できます。

▶リスト10-1-12　pages/index.tsx

```
import React from 'react'
import Head from 'next/head'
import Component from '../components/index'
// ______________________________________________________
//
type Props = {
  title: string
}
// ______________________________________________________
//
class App extends React.Component<Props> {
  static async getInitialProps(): Promise<Props> {
    return { title: 'Hello world' }
  }
```

```
  render() {
    return (
      <>
        <Head>
          <title>{this.props.title}</title>
        </Head>
        <Component />
      </>
    )
  }
}
// ----------------------------------------------------
//
export default App
```

Column —getInitialPropsでreq／resが参照できないケース

Next.jsのgetInitialPropsでは、ブラウザバックなどで**req**／**res**が参照できないケースが発生します。したがって、getInitialProps関数内部の処理は、**req**／**res**が参照できないケースを想定しておく必要があります。

10-1-4 styled-componentsを導入する

Next.jsは「Scoped CSS」※2を実現するための**styled-jsx**がビルトインされていますが、残念ながらSSRには対応していません。そこで、Reactの「CSS-in-JS」で広く普及している**styled-components**を導入すると、SSRにも対応させることができます。

■styled-components のインストール

yarnを使って、**styled-components**と**@types/styled-components**を導入します。

▶コマンド10-1-2　styled-componentsと@types/styled-componentsをインストール

```
$ yarn add styled-components
$ yarn add @types/styled-components -D
```

■ServerStyleSheet

_document.tsxに、**styled-components**のSSR指定を追加します。いったん、この指定を追加しておけば、それ以降で指定する必要はありません。**styled-components**から提供されている**ServerStyleSheet**を用いて、ページを構成するコンポーネントからスタイルを集約します。

※2　スタイルが下層コンポーネントに影響を及ぼさないための仕組み。影響範囲をコンポーネントに閉じることで、予期しないスタイルの漏洩を防ぐ。

▶リスト10-1-13　pages/_document.tsx

```
import * as React from 'react'
import Document, { NextDocumentContext } from 'next/document'
import { ServerStyleSheet } from 'styled-components'
import DefaultLayout from '../layouts/index'
// ______________________________________________________
//
export default class extends Document {
  static async getInitialProps(ctx: NextDocumentContext) {
    const sheet = new ServerStyleSheet()
    const originalRenderPage = ctx.renderPage
    ctx.renderPage = () =>
      originalRenderPage({
        enhanceApp: (App: any) => (props: any) =>
          sheet.collectStyles(<App {...props} />)
      })
    const initialProps = await Document.getInitialProps(ctx)
    return {
      ...initialProps,
      styles: [...(initialProps.styles as any), ...sheet.getStyleElement()]
    }
  }
  render() {
    return <DefaultLayout />
  }
}
```

■Components

では、**styled-components**を用いてスタイリングを行ってみましょう。ページを構成する**components**ディレクトリに配備したコンポーネントで、適用したスタイルがSSRにも適用されていることが確認できます。

▶リスト10-1-14　components/index.tsx

```
import React from 'react'
import Next from 'next'
import styled from 'styled-components'
// ______________________________________________________
//
type Props = {
  className?: string
}
// ______________________________________________________
//
const Component: Next.NextFC<Props> = props => (
  <div className={props.className}>Welcome to next.js!</div>
```

```
)
// ---------------------------------------------------------
//
const StyledComponent = styled(Component)`
  color: #f00;
`
// ---------------------------------------------------------
//
export default StyledComponent
```

10-2 Reduxを導入する

「**Redux**」は、Reactアプリケーションの状態管理ライブラリとしてデファクトスタンダードといってもよいでしょう。Reduxは、ユースケースごとに複数のReducerを設け、それらを集約して1つのStoreを構築します。Reducerは、いつ・どこで発行されるかわからない「Action」に反応します。Actionは、取り決められたインターフェイスそのものであり、すべての定型句は責務が極限まで単純化されています。そのため、型表現もシンプルです。

本節では、Reduxの型定義と、それをNext.jsに導入する方法について解説します。サンプルで紹介するStoreは、カウンターの値を保持するcounterと、todoを保持するtodosを保持しているものとします。

■サンプルコード
https://github.com/takefumi-yoshii/ts-nextjs-redux
本節のサンプルコードは、上記の筆者のGitHubリポジトリで公開しています。バージョンアップなどにより、誌面の解説内容とコードが一部異なることがあります。あらかじめご了承ください。

10-2-1 開発環境の構築

前節のサンプルで利用した**npm packages**に、redux関連のパッケージを追加します。

- redux：ライブラリ本体
- react-redux：ReactをReduxに接続するAPIを提供するライブラリ
- next-redux-wrapper：Next.jsでRedux導入を簡略化するHOC（Higher-Order Components）[※3]

package.jsonは、リスト10-2-1のとおりです。それぞれDefinitelyTypedも追加します。

▶リスト10-2-1　package.json

```
{
  "scripts": {
    "dev": "next",
    "build": "next build",
    "start": "next start",
```

※3 「高階コンポーネント」と訳される。内部処理でステートフルなReactクラスコンポーネントを作成し返却する関数コンポーネント。

```
    "prettier": "prettier './components/**/*.tsx' './store/**/*.ts' --write"
  },
  "dependencies": {
    "next": "^8.0.4",
    "next-redux-wrapper": "^3.0.0-alpha.2",
    "react": "^16.8.6",
    "react-dom": "^16.8.6",
    "react-redux": "^7.0.1",
    "redux": "^4.0.1",
    "styled-components": "^4.2.0",
    "uuid": "^3.3.2"
  },
  "devDependencies": {
    "@types/next": "^8.0.3",
    "@types/next-redux-wrapper": "^2.0.2",
    "@types/react": "^16.8.13",
    "@types/react-dom": "^16.8.3",
    "@types/react-redux": "^7.0.6",
    "@types/redux": "^3.6.0",
    "@types/styled-components": "^4.1.14",
    "@types/uuid": "^3.4.4",
    "@zeit/next-typescript": "^1.1.1",
    "prettier": "^1.16.4",
    "redux-devtools-extension": "^2.13.8",
    "ts-node": "^8.0.3",
    "typescript": "^3.4.3"
  }
}
```

■プロジェクト構成

本節で紹介するサンプルは、次のようなプロジェクト構成です。

```
├──── components
│     └──── index.tsx
├──── layouts
│     └──── index.tsx
├──── pages
│     ├──── _app.tsx
│     ├──── _document.tsx
│     ├──── index.tsx
│     └──── test.tsx
├──── node_modules
├──── store
│     │     counter
│     │     ├──── actions.ts
│     │     ├──── index.ts
│     │     └──── types.ts
```

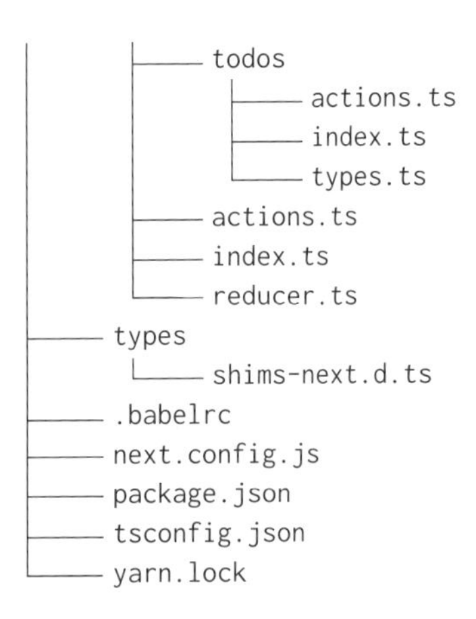

```
│       ├── todos
│       │   ├── actions.ts
│       │   ├── index.ts
│       │   └── types.ts
│       ├── actions.ts
│       ├── index.ts
│       └── reducer.ts
├── types
│       └── shims-next.d.ts
├── .babelrc
├── next.config.js
├── package.json
├── tsconfig.json
└── yarn.lock
```

10-2-2 Action Creatorを定義する

状態の変化は、常にActionの発生からはじまります。Actionは、どのReducerでも購読が可能なグローバルイベントと称しても差し支えないでしょう。それぞれのReducerは、自身の状態に関与しないActionであっても購読できることが特徴です。

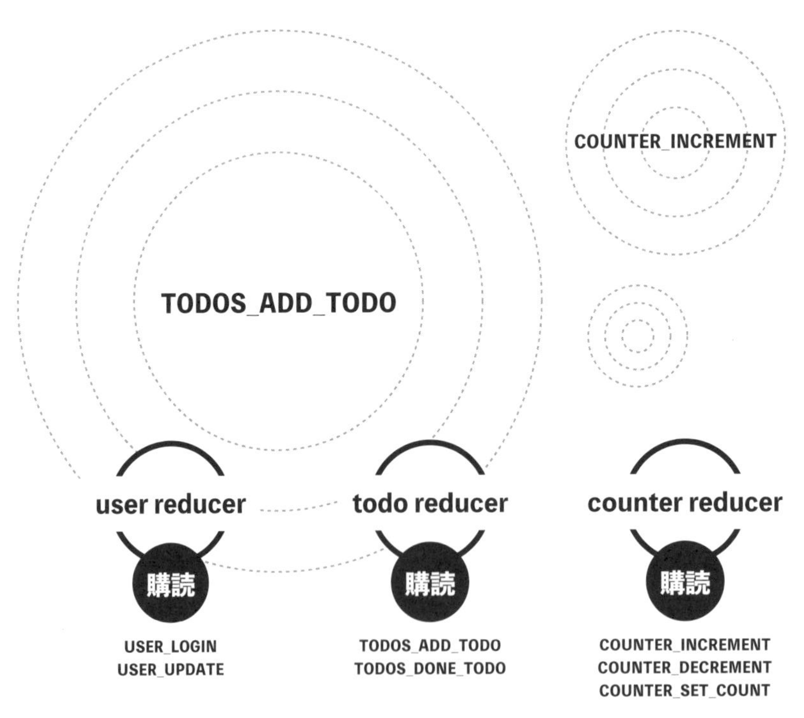

▶図10-2-1　Action発生のイメージ図。Reducerは、どんなActionも購読可能

■counterのAction

まずは、機能要件に応じて、どんなActionが起こり得るのかを考えます。counter機能の状態を変更するActionは、次のようになります。const assertionで、String Literal Typesとして付与します。なお、ファイル名の「**types.ts**」の**types**は、型のことではなくActionTypesを指しています。

▶リスト10-2-2 store/counter/types.ts

```
export = {
  increment: 'COUNTER_INCREMENT',
  decrement: 'COUNTER_DECREMENT',
  setCount: 'COUNTER_SET_COUNT'
} as const
```

Actionを発行できるのは、Action Creator関数のみです。**store/counter/types.ts**で定義した文字列をインポートし、関数戻り型の**type**に指定します。戻り型のアノテーションを付与する必要はありません。

プロジェクトで一意のString Literal Typesとして型推論された値（type）が、戻り値に含まれていることを確認してください。

▶リスト10-2-3 store/counter/actions.ts

```
import types from './types'
// ________________________________________________________
//
export function increment() {
  return { type: types.increment }
}
export function decrement() {
  return { type: types.decrement }
}
export function setCount(amount: number) {
  return {
    type: types.setCount,
    payload: { amount }
  }
}
```

■todosのAction

todo機能の状態を変更するActionは、リスト10-2-4のようになります。

▶リスト10-2-4 store/todos/types.ts

```
export = {
  addTodo: 'TODOS_ADD_TODO',
```

```
  doneTodo: 'TODOS_DONE_TODO'
} as const
```

プロジェクトで一意のActionTypeをAction Creatorの戻り値に含めることで、**この戻り値がプロジェクトで一意のAction型を定義する一次リソース**になります。開発を進めていく際、Action Payloadが変更になることはよくあります。実装に戻り型のアノテーションを付与しないのは、型推論を実装に追従させるためです。

▶リスト10-2-5　store/todos/actions.ts

```
import uuid from 'uuid/v4'
import types from './types'
// ------------------------------------------------------
//
export function addTodo(task: string) {
  return {
    type: types.addTodo,
    payload: {
      id: uuid(),
      done: false,
      task
    }
  }
}
export function doneTodo(id: string) {
  return {
    type: types.doneTodo,
    payload: { id }
  }
}
```

10-2-3 Actions型として集約する

「7-3　Reducer の型定義」で解説したCreatorsToActions型を利用して、Action Creator関数のみを定義しているファイルを読み込みます。この型を利用すると、ファイルで定義されている**すべての関数戻り型を推論導出することが可能**です。

▶リスト10-2-6　store/actions.ts

```
type Unbox<T> = T extends { [K in keyof T]: infer U } ? U : never
type ReturnTypes<T> = {
  [K in keyof T]: T[K] extends (...args: any[]) => any
    ? ReturnType<T[K]>
    : never
```

```
}
export type CreatorsToActions<T> = Unbox<ReturnTypes<T>>
```

import構文とtypeof型クエリーを併用して、型情報のみを抽出します。すべてのAction Creator関数戻り型をUnion Typesの「|」で連結することで、そのプロジェクトで発生し得るすべてのAction型を集約できます。counter機能やtodos機能が増えるごとに、この連結を追加していきます。

▶リスト10-2-7　store/actions.ts

```
export type Actions =
  | CreatorsToActions<typeof import('./counter/actions')>
  | CreatorsToActions<typeof import('./todos/actions')>
```

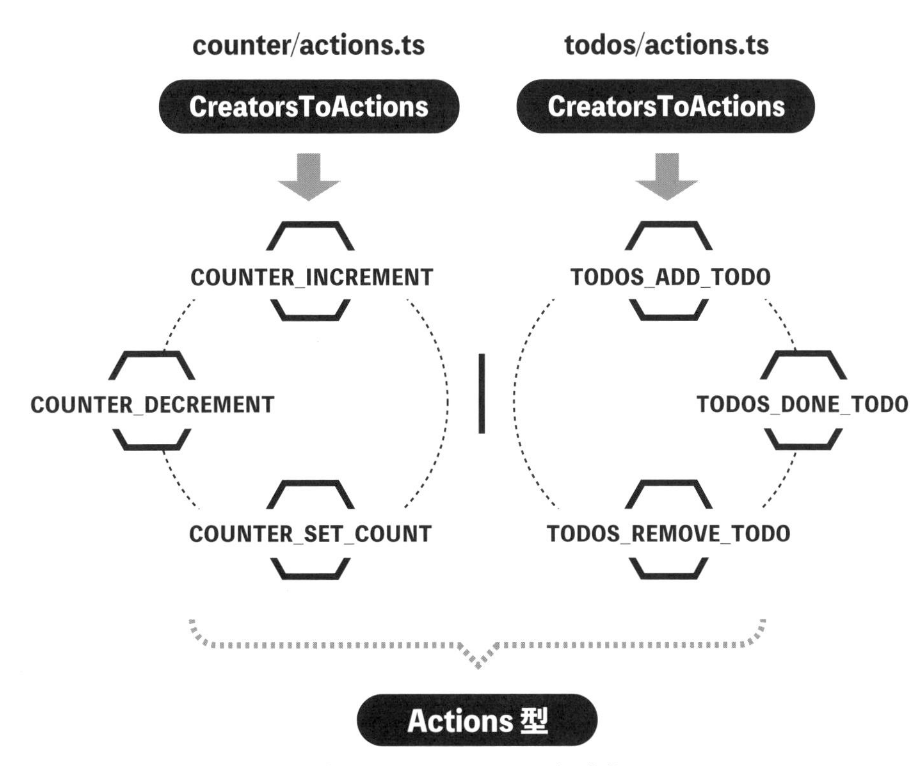

▶図10-2-2　Actions型の集約

実装内容に則した型推論の結果が得られていることが確認できます。各Action Creator関数を定義したファイルに、新しい関数を追加したり、戻り値のpayloadを変更してみてください。このActions型が、実装に応じて変化することが確認できます。

▶リスト10-2-8　推論結果

```
type Actions = {
  type: 'COUNTER_INCREMENT'
} | {
  type: 'COUNTER_DECREMENT'
} | {
  type: 'COUNTER_SET_COUNT'
  payload: {
    amount: number
  }
} | {
  type: 'TODOS_ADD_TODO'
  payload: {
    id: string
    done: boolean
    task: string
  }
} | {
  type: 'TODOS_DONE_TODO'
  payload: {
    id: string
  }
}
```

10-2-4 Reducerを定義する

Reduxにおいて、Storeの状態を変更することができるのはReducerのみです。Reducerは興味のあるActionだけを購読し、各々のユースケースに沿ったロジックを適用して保持している状態を変更します。

Reducer関数の第二引数には、前項で作成したActions型を付与します。これにより、**switch**構文で指定できる**case**の文字列には、プロジェクトで定義されているActionTypesのみが指定できるように制約されます。VS Codeなどのエディターでは、文字列の候補がコードヒントとして表示されます。

「4-3-4　タグ付きUnion Types」で解説したように、**action.type**をタグとして利用しているため、このような型推論を得ることができています。**action.payload**のスキーマも、隅々まで型推論が行き届いていることが確認できます。

▶リスト10-2-9　store/counter/index.ts

```
import { Actions } from '../actions'
// _____________________________________________________
//
interface State {
  count: number
}
```

```
// -----------------------------------------------------
//
export function initialState(injects?: State): State {
  return {
    count: 0,
    ...injects
  }
}
// -----------------------------------------------------
//
export function reducer(state = initialState(), action: Actions): State {
  switch (action.type) {
    case 'COUNTER_INCREMENT':
      return { ...state, count: state.count + 1 }
    case 'COUNTER_DECREMENT':
      return { ...state, count: state.count - 1 }
    case 'COUNTER_SET_COUNT':
      return { ...state, count: action.payload.amount }
    default:
      return state
  }
}
```

▶ リスト10-2-10　store/todos/index.ts

```
import { Actions } from '../actions'
// -----------------------------------------------------
//
interface Todo {
  id: string
  done: boolean
  task: string
}
interface State {
  todos: Todo[]
}
// -----------------------------------------------------
//
export function initialState(injects?: State): State {
  return {
    todos: [],
    ...injects
  }
}
// -----------------------------------------------------
//
export function reducer(state = initialState(), action: Actions): State {
  switch (action.type) {
```

```
    case 'TODOS_ADD_TODO':
      return { ...state, todos: [...state.todos, action.payload] }
    default:
      return state
  }
}
```

10-2-5 Reducerを集約する

Reduxライブラリで提供されているAPIの**combineReducers**関数を用いて、前項で定義した複数のReducer関数を1つのReducer関数に合成します。合成したReducer関数の初期値を注入する**initialState**関数も用意します。

▶リスト10-2-11　store/reducer.ts

```
import { combineReducers } from 'redux'
import * as Counter from './counter'
import * as Todos from './todos'

export function initialState() {
  return {
    counter: Counter.initialState(),
    todos: Todos.initialState()
  }
}
export const reducer = combineReducers({
  counter: Counter.reducer,
  todos: Todos.reducer
})
```

10-2-6 Store生成関数とStore型の定義

Reduxライブラリで提供されている**createStore**関数を用いて、Store生成関数を作成します。プロジェクト固有定義の**reducer**や**initialState**を、ここで注入します。**createStore**関数の第三引数はReduxのミドルウェア指定です。

また、この定義ファイルで、Storeに関する型定義を行います。StoreStateツリーを表現する型は、**initialState**関数の戻り型に相当するため、「**ReturnType<typeof initialState>**」で、その型を抽出します。

Reduxライブラリが本来提供しているStore型は、GenericsにStoreStateツリーを受け取るため、ここでプロジェクトのStoreStateツリーを注入します。できあがったReduxStoreInstance型は、Redux StoreのAPI型を備えつつ、プロジェクトの知識が注入された型です。

▶ リスト10-2-12　store/index.ts

```
import { createStore, Store } from 'redux'
import { composeWithDevTools } from 'redux-devtools-extension'
import { initialState, reducer } from './reducer'
// _____________________________________________________
//
export type StoreState = ReturnType<typeof initialState>
export type ReduxStoreInstance = Store<StoreState>
// _____________________________________________________
//
export function initStore(state = initialState()) {
  return createStore(reducer, state, composeWithDevTools())
}
```

10-2-7 NextContext型にStore型を付与する

ReduxをNext.jsプロジェクトに導入すると、**pages**ディレクトリに含まれるページコンポーネントでは、**getInitialProps**関数の引数で、storeインスタンスを受け取れるようになります。

@types/nextに含まれるNextContext型には、プロジェクトの知識が注入されたReduxStoreInstance型を付与します。これにより、ページコンポーネントごとにReduxStoreInstance型を付与する必要がなくなります。

_app.tsxや**_document.tsx**からもstoreインスタンスが参照可能になるため、それに相当するAppProps型に対し、モジュール型拡張で「**store: ReduxStoreInstance**」を付与します。

▶ リスト10-2-13　types/shims-next.d.ts

```
import { DefaultQuery } from 'next-server/router'
import { NextContext } from 'next'
import { AppProps } from 'next/app'
import { ReduxStoreInstance } from '../store'
// _____________________________________________________
//
declare module "next" {
  interface NextContext<Q extends DefaultQuery = DefaultQuery> {
    store: ReduxStoreInstance
  }
}
declare module "next/app" {
  interface AppProps<Q extends DefaultQuery = DefaultQuery> {
    store: ReduxStoreInstance
  }
}
```

第1部
第1章
第2章
第3章
第4章
第5章
第6章
第2部
第7章
第8章
第9章
第10章
第11章

10-2-8 NextContext型のstoreに付与された型を確認する

すべてのページコンポーネントでstoreインスタンスを参照できるように、**next-redux-wrapper**モジュールを利用します。**_app.tsx**のHOCとして、**withRedux**関数を適用します。

前項では、NextContext型およびAppProps型のみに、モジュール型拡張を適用しました。NextAppContext型に含まれる**ctx**でもstoreインスタンスが型参照可能になっているのは、NextAppContext型の内部でNextContext型が付与されているためです。

▶リスト10-2-14　pages/_app.tsx

```
import * as React from 'react'
import { Provider } from 'react-redux'
import App, { Container, NextAppContext } from 'next/app'
import withRedux from 'next-redux-wrapper'
import { initStore } from '../store'
// _____________________________________________________
//
export default withRedux(initStore)(
  class extends App {
    static async getInitialProps({ Component, ctx }: NextAppContext) {
      let pageProps = {}
      if (Component.getInitialProps) {
        pageProps = await Component.getInitialProps(ctx)
      }
      return { pageProps }
    }
    render() {
      const { Component, pageProps, store } = this.props
      return (
        <Container>
          <Provider store={store}>
            <Component {...pageProps} />
          </Provider>
        </Container>
      )
    }
  }
)
```

10-2-9 本節のまとめ

適切なモジュール型拡張をピンポイントで行うことにより、ライブラリが提供するAPI型に対して、プロジェクト固有の型定義を注入できることを解説しました。

この注入作業を事前に行っておけば、ページコンポーネントごとにRedux Store型を都度インポートして付与するといったような処理を省略できます。

10-3 Next.jsとExpress

前節では、Next.jsにビルトインされているサーバーを利用した開発を解説しました。**pages**ディレクトリによる自動ルーティングは、GETリクエストを捌くだけのものでした。Next.jsをBFFとしてPOST／PUTリクエストを捌くためには、Custom Server拡張の実装が求められます。

プログラマーは、「Express」「Hapi」※4「Koa」※5などのメジャーなNode.jsのWebアプリケーションフレームワークを選ぶことができます。そして、そのWebアプリケーションフレームワークのミドルウェアとして、Next.jsを利用できます。

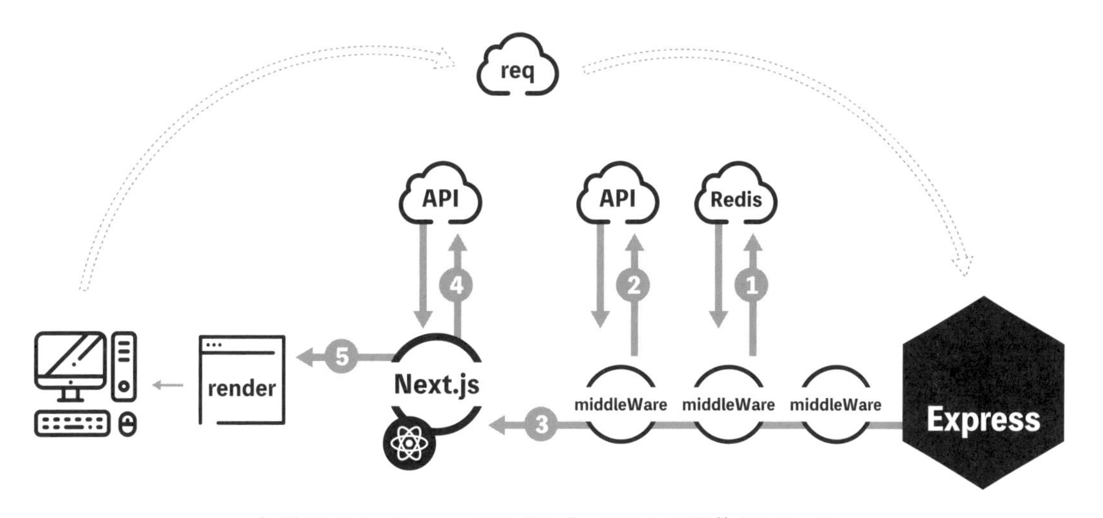

▶図10-3-1　ExpressのミドルウェアとしてNext.js駆動するNext.js

Webアプリケーションフレームワークを TypeScriptで記述することに加え、Next.jsから提供されている型定義はどのように利用していくべきでしょうか。

本節では、「第9章　ExpressとTypeScript」で取り上げたsessionを扱う事例を元に解説を進めます。解説を進める中で、前節の最後に述べたNextContext型の課題を解決し、プロジェクト構成に沿った型の付与について考察します。

※4　https://hapijs.com/
※5　https://koajs.com/

■サンプルコード

https://github.com/takefumi-yoshii/ts-nextjs-express

本節のサンプルコードは、上記の筆者のGitHubリポジトリで公開しています。バージョンアップなどにより、誌面の解説内容とコードが一部異なることがあります。あらかじめご了承ください。

10-3-1 開発環境の構築

前節の**package.json**を拡張します。開発サーバーの起動を修正しているため、**npm scripts**に**ts-node**を利用している点に注意してください。

▶リスト10-3-1　package.json

```
{
  "scripts": {
    "dev": "ts-node src/server/index.ts",
    "redis": "ts-node src/redis/index.ts",
  },
  "dependencies": {
    "@types/connect-redis": "^0.0.9",
    "axios": "^0.18.0",
    "body-parser": "^1.18.3",
    "connect-redis": "^3.4.1",
    "cookie-parser": "^1.4.4",
    "express": "^4.16.4",
    "express-session": "^1.16.0",
    "next": "^8.0.4",
    "react": "^16.8.6",
    "react-dom": "^16.8.6",
    "redis-server": "^1.2.2",
    "styled-components": "^4.2.0"
  },
  "devDependencies": {
    "@types/axios": "^0.14.0",
    "@types/body-parser": "^1.17.0",
    "@types/cookie-parser": "^1.4.1",
    "@types/express": "^4.16.1",
    "@types/express-session": "^1.15.12",
    "@types/next": "^8.0.3",
    "@types/node": "^11.13.4",
    "@types/react": "^16.8.13",
    "@types/react-dom": "^16.8.3",
    "@types/styled-components": "^4.1.14",
    "@zeit/next-typescript": "^1.1.1",
    "prettier": "^1.16.4",
```

```
    "ts-node": "^8.0.3",
    "typescript": "^3.4.3",
    "webpack": "^4.29.6",
    "webpack-cli": "^3.3.0",
    "webpack-node-externals": "^1.7.2"
  }
}
```

■プロジェクト構成

next.config.jsおよび**.babelrc**は前節と同じものを利用します。

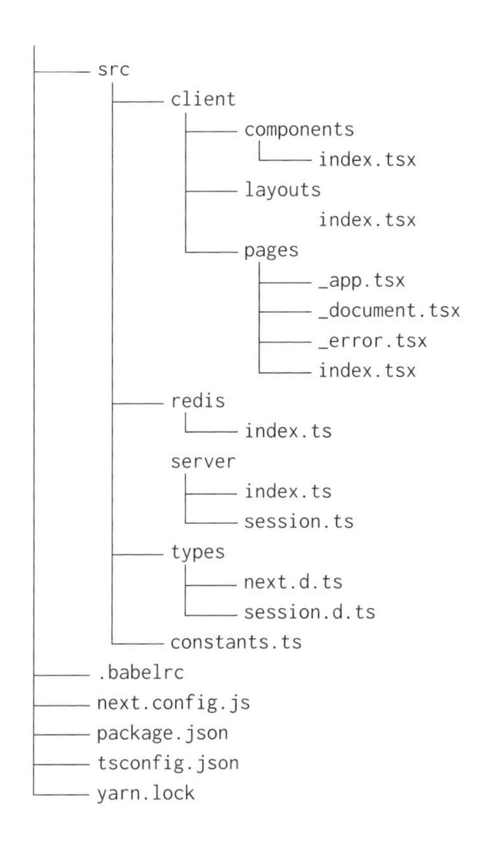

プロジェクト変更に伴って、**tsconfig.json**の**include**を変更しています。

第1部
第1章
第2章
第3章
第4章
第5章
第6章
第2部
第7章
第8章
第9章
第10章
第11章

▶リスト10-3-2　tsconfig.json

```
{
  "compilerOptions": {
    "target": "es5",
    "module": "commonjs",
    "moduleResolution": "node",
    "noUnusedParameters": false,
    "strict": true,
    "esModuleInterop": true,
    "jsx": "react"
  },
  "include": [
    "src/**/*"
  ]
}
```

Column ―ts-nodeのままでプロダクション実行は可能か？

ts-nodeはあくまで開発時のビルドツールと捉えるべきです。
リクエストのたびに、都度コンパイルが実行されてしまうため、実行速度に影響があります。プロダクション環境では、tscビルドやwebpackによるビルドを行ったコードを実行するようにします。

10-3-2 Next.jsをExpressのミドルウェアにする

Next.jsをインポートしたserverのエントリーポイントで、**nextApp**インスタンスを生成します。何も指定しない場合、**pages**ディレクトリの配備先はプロジェクトのルートになります。ここでは、**nextApp**インスタンス生成時の設定で、ベースディレクトリを**src/client**となるように指定しています。

▶リスト10-3-3　src/server/index.ts

```
import Express from 'express'
import next from 'next'
import session from './session'
import * as ENV from '../constants'
// ______________________________________________________
//
const dev = process.env.NODE_ENV !== 'production'
// ______________________________________________________
//
;(async () => {
  const app = Express()
  const nextApp = next({ dev, dir: './src/client' })
  const handle = nextApp.getRequestHandler()
```

```
  await nextApp.prepare()
  // session middleWare の適用
  session(app)
  //
  // ここに POST/PUT などの Express ルート・ハンドラーを実装していく
  //
  app.use((req, res) => {
    // Next.js を middleWare として利用
    handle(req, res)
  })
  app.listen(ENV.APP_PORT, ENV.APP_HOST, (err: Express.Errback) => {
    if (err) throw err
    console.log(`Running on http://${ENV.APP_HOST}:${ENV.APP_PORT}`)
  })
})()
```

■Redis Server

本節でも、簡単なRedisクライアントである**redis-server**を利用して解説を行います。

▶リスト10-3-4　src/redis/index.ts

```
// @ts-ignore
import RedisServer from 'redis-server'
import { REDIS_HOST, REDIS_PORT } from '../constants'

const server = new RedisServer(REDIS_PORT)

server.open((err: any) => {
  if (err === null) {
    console.log(`Running on http://${REDIS_HOST}:${REDIS_PORT}`)
  } else {
    console.log(err)
  }
})
```

「**yarn redis**」と実行して、Redisサーバーをあらかじめ起動しておきます。

▶コマンド10-3-1　Redisサーバーの起動

```
$ yarn redis
```

■express-session

ExpressがRedis Storeに接続するミドルウェアの設定です。ここでも解説のため、簡易的な設定を施します。

▶ リスト10-3-5　src/server/session.ts

```
import Express from 'express'
import session from 'express-session'
import connectRedis from 'connect-redis'
import { REDIS_HOST, REDIS_PORT } from '../constants'

export default (app: Express.Application) => {
  const RedisStore = connectRedis(session)
  const option = {
    store: new RedisStore({
      host: REDIS_HOST,
      port: REDIS_PORT
    }),
    secret: 'keyboard cat',
    resave: false
  }
  app.use(session(option))
}
```

ここでは環境変数に相当する定数をTypeScriptファイルとして管理していますが、実際のプロダクションコードでは**process.env**で設定して参照することがほとんどです。

▶ リスト10-3-6　src/constants.ts

```
export const APP_HOST = 'localhost'
export const REDIS_HOST = 'localhost'
export const APP_PORT = 3000
export const REDIS_PORT = 6379
```

ここまでで、Next.jsアプリケーションがマウントされたExpressサーバーを構築することができました。サーバーを起動して アプリケーションが動いていることを確認します。

▶ コマンド10-3-2　Expressサーバーの起動

```
$ yarn dev
```

10-3-3　NextContext型の課題

ページコンポーネントは、**getInitialProps**関数で引数としてContextを受け取ることができます。この型が定義されている**@types/next**の内訳を確認してみましょう。**req**に「http.IncomingMessage型」が、**res**に「http.ServerResponse型」が付与されています。

▶ リスト10-3-7　@types/next/index.d.ts

```
interface NextContext<Q extends DefaultQuery = DefaultQuery> {
  pathname: string;
  query: Q;
  asPath: string;
  req?: http.IncomingMessage;
  res?: http.ServerResponse;
  jsonPageRes?: NodeResponse;
  err?: Error;
}
```

この型を実際に付与して、実装と型参照が一致しているかを確認してみましょう。**req**にはExpress.Request型相当の、**res**にはExpress.Response型相当のオブジェクトが渡っていることが確認できます。この食い違いがどのような問題につながるのか、次項で確認していきます。

▶ リスト10-3-8　pages/index.tsx

```
import React from 'react'
import { NextContext } from 'next'
import Head from 'next/head'
import Component from '../components/index'
// ______________________________________________________
//
type Props = {
  title: string
}
// ______________________________________________________
//
class App extends React.Component<Props> {
  static async getInitialProps(ctx: NextContext): Promise<Props> {
    return { title: 'Hello world' }
  }
  render() {
    return (
      <>
        <Head>
          <title>{this.props.title}</title>
        </Head>
        <Component />
      </>
    )
  }
}
// ______________________________________________________
//
export default App
```

10-3-4 Sessionを利用したカウントアップ

セッションを利用し、トップページの訪問回数を表示できる画面を実装してみます。しかし、たくさんのコンパイルエラーが表示されているはずです。

Node.jsのWebアプリケーションサーバーとして、Expressだけではなく、さまざまなフレームワークが選択可能です。これに加え「sessionにどのような型で、どのような値が保持されているか」について、NextContext型に定義を追加する必要があります。

▶リスト10-3-9　pages/index.tsx

```
import React from 'react'
import Head from 'next/head'
import { NextContext } from 'next'
import Component from '../components/index'
// ______________________________________________________
//
type Props = {
  title: string
  count: number
}
// ______________________________________________________
//
class App extends React.Component<Props> {
  static async getInitialProps({ req }: NextContext): Promise<Props> {
    if (req.session) {
      if (req.session.count === undefined) {
        req.session.count = 0
      }
      req.session.count++
      return { title: 'Home', count: req.session.count }
    }
    return { title: 'No Session', count: 1 }
  }
  render() {
    return (
      <>
        <Head>
          <title>{this.props.title}</title>
        </Head>
        <Component count={this.props.count} />
      </>
    )
  }
}

export default App
```

10-3-5 NextContext型を拡張する

まずは、Express.Requestに保持される**session**で、**session.count**が参照できるように定義を追加します。この拡張は「第9章　ExpressとTypeScript」で解説しているものと同じです。

▶リスト10-3-10　src/types/session.d.ts

```
import Express from 'express'

declare global {
  namespace Express {
    interface SessionData {
      count?: number
    }
  }
}
```

■ExNextContext型

すでにNextContext型を付与されている「**req?: http.IncomingMessage**」を打ち消すことはできません。そこで、新たにExNextContext型を設けます。

Intersection Typesで連結し、**req**と**res**を上書きすることで、Express.RequestとExpress.Responseが付与された型を得ることができます。併せて、NextDocumentContext型も同様の拡張型を用意します。

▶リスト10-3-11　src/types/next.d.ts

```
import Express from 'express'
import { NextContext } from 'next'
import { NextDocumentContext } from 'next/document'
import { DefaultQuery } from 'next-server/router'

declare module 'next' {
  type ExNextContext<
    Q extends DefaultQuery = DefaultQuery
  > = NextContext<Q> & {
    req?: Express.Request
    res?: Express.Response
  }
}

declare module 'next/document' {
  type ExNextDocumentContext<
    Q extends DefaultQuery = DefaultQuery
  > = NextDocumentContext<Q> & {
    req?: Express.Request
    res?: Express.Response
```

```
  }
}
```

nextモジュールに拡張した型定義を追加しているので、そこからExNextContext型をインポートします。今度は、期待した通りの型が付与されていることが確認できます。

▶リスト10-3-12　src/client/pages/index.tsx

```
import React from 'react'
import Head from 'next/head'
import { ExNextContext } from 'next'
import Component from '../components/index'
// ______________________________________________________
//
type Props = {
  title: string
  count: number
}
// ______________________________________________________
//
class App extends React.Component<Props> {
  static async getInitialProps({ req }: ExNextContext) {
    if (!req) return { title: 'No Session', count: 1 }
    if (!req.session) return { title: 'No Session', count: 1 }
    if (req.session.count === undefined) {
      req.session.count = 0
    }
    req.session.count++
    return { title: 'Home', count: req.session.count }
  }
  render() {
    return (
      <>
        <Head>
          <title>{this.props.title}</title>
        </Head>
        <Component count={this.props.count} />
      </>
    )
  }
}

export default App
```

session以外にも、Next.jsのルート・ハンドラーに到達する前に、Expressのミドルウェアで**req**や**res**が拡張されるケースもあるでしょう。そのような場合でも、この拡張を施しておくことで、Next.jsのページコンポーネントはExpress側の型拡張に追従できます。

第 11 章

Nuxt.js と TypeScript

Nuxt.jsは、Vue.jsを利用したユニバーサルWebアプリケーションフレームワークです。機能を実装するのと同じように、状態管理・BFFを統合するまでの間、さまざまな型定義を積み重ねることが必要になります。本章では、型の宣言空間を活用し、一歩踏み込んだ型定義に挑みます。

11-1 TypeScriptではじめるNuxt.js

Nuxt.jsは、Vue.jsアプリケーションを基礎にしたフレームワークです。SPA・SSR・PWAなどの先端のフロントエンド開発を簡単にはじめることができ、ハイパフォーマンスなWebアプリケーションを素早く開発できます。「Firebase」※1などのサーバーレスアーキテクチャとともに開発することで、JavaScriptを記述するフロントエンドエンジニアが単独でWebサービスをリリースすることも期待できるなど、昨今、非常に注目を集めています。

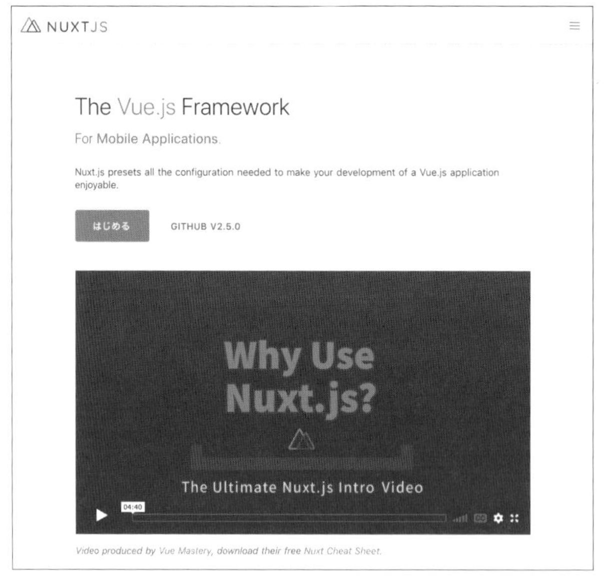

▶図11-1-1　Nuxt.jp（https://ja.nuxtjs.org/）

Nuxt.jsはVue.jsによるユニバーサルWebアプリケーション構築をサポートします。また、ユニバーサルWebアプリケーションのみならず、静的サイトジェネレーターとしての側面も持ち合わせています。CLIツールである`create-nuxt-app`を利用することで、DevOpsが簡略化されます。開発環境構築時にテストフレームワーク選定ができたり、状態管理ライブラリが初期導入されていたりと、フルスタックなフレームワークと言えます。

※1　https://firebase.google.com/

本節では、axiosを用いた非同期処理の型定義について解説します。ただし、`create-nuxt-app`を用いた雛形の作成については、執筆時点・サンプルリポジトリにおけるものです。バージョンが異なる場合、コードが正しく動作しないことがあります。別バージョンでの環境構築については、公式ドキュメントを確認してください。

■サンプルコード
https://github.com/takefumi-yoshii/ts-nuxtjs-hands-on
本節のサンプルコードは、上記の筆者のGitHubリポジトリで公開しています。バージョンアップなどにより、誌面の解説内容とコードが一部異なることがあります。あらかじめご了承ください。

11-1-1 開発環境の構築

Nuxt.jsが公式に提唱しているインストール方法で環境を構築します。プロジェクトを作成するディレクトリで、次のコマンドを入力します。

▶コマンド11-1-1　create-nuxt-appによる雛形の生成

```
$ npx create-nuxt-app project-name
```

■create-nuxt-appによる選定

本節では、標準的なユニバーサルアプリで解説を進めます。そのため、「`Use a custom server framework`」には「`none`」を選択します。

▶コマンド11-1-2　カスタムサーバーフレームワークの選択

```
? Project name project-name
? Project description My astonishing Nuxt.js project
? Use a custom server framework (Use arrow keys)
> none
  express
  koa
  adonis
  hapi
  feathers
  micro
```

「`Choose features to install`」には「`Axios`」を選択します。複数選択が可能なので、ほかの項目が必要な場合もスペースキー押下で選択します。

▶コマンド11-1-3　追加機能のインストール

```
? Project name project-name
? Project description My sweet Nuxt.js project
? Use a custom server framework express
? Choose features to install
 ◯ Progressive Web App (PWA) Support
 ◯ Linter / Formatter
 ◯ Prettier
>◉ Axios
```

このあとに続く、その他の選択項目や入力項目は任意で進めて構いません。

■TypeScript開発のために追加で必要なnpm packages

@nuxt/typescriptが必要なので**Dependencies**に追加します。

▶コマンド11-1-4　@nuxt/typescriptの追加

```
$ yarn add @nuxt/typescript
```

■tsconfig.json を追加する

プロジェクトルートに**tsconfig.json**を作成します。

▶リスト11-1-1　tsconfig.json

```
{
  "compilerOptions": {
    "target": "esnext",
    "module": "esnext",
    "moduleResolution": "node",
    "lib": [
      "esnext",
      "esnext.asynciterable",
      "dom"
    ],
    "esModuleInterop": true,
    "experimentalDecorators": true,
    "jsx": "preserve",
    "sourceMap": true,
    "strict": true,
    "noImplicitAny": true,
    "noEmit": true,
    "noUnusedLocals": true,
    "noUnusedParameters": true,
    "baseUrl": ".",
```

```
    "paths": {
      "~/*": [
        "./*"
      ],
      "@/*": [
        "./*"
      ]
    },
    "allowJs": true,
    "types": [
      "@types/node",
      "@nuxt/vue-app"
    ]
  },
  "include": [
    "components/**/*",
    "layouts/**/*",
    "middleware/**/*",
    "pages/**/*",
    "plugins/**/*",
    "store/**/*"
  ]
}
```

これで、Nuxt.jsをTypeScriptで開発することができるようになりました。
さっそくNuxt.jsプロジェクトを起動してみましょう。

▶コマンド11-1-5　Nuxt.jsプロジェクトの起動

```
$ yarn dev
```

11-1-2 ページコンポーネント

まず、ページコンポーネントをTypeScript化してみます。「**<script lang="ts">**」を宣言した上で、**Vue.extend**による実装から確認してみます。「第8章　Vue.jsとTypeScript」でも説明したように、Data型は型定義を宣言し、付与します。

▶リスト11-1-2　pages/index.vue

```
<template>
  <section class="container">
    <div>
      <logo />
      <h1 class="title">
        {{title}}
```

```
      </h1>
      <h2 class="subtitle">
        {{subtitle}}
      </h2>
    </div>
  </section>
</template>

<script lang="ts">
import Vue from 'vue'
import Logo from '~/components/Logo.vue'

interface Data {
  title: string
}
export default Vue.extend({
  components: {
    Logo
  },
  data(): Data {
    return {
      title: 'Nuxt x TypeScript'
    }
  },
  computed: {
    subtitle(): string {
      return `${this.title} is My astonishing Nuxt.js project`
    }
  }
})
</script>
```

11-1-3 asyncData関数

Nuxt.jsのページコンポーネントにおいて、サーバーサイドレンダリング時に外部リソースを表示したい場合、**asyncData**関数または**fetch**関数を利用します。**asyncData**関数の引数**Context**には、サーバーサイドのみで取得できるオブジェクトがいくつか含まれており、**query**オブジェクトはURLクエリパラメーターを簡単に参照できます。

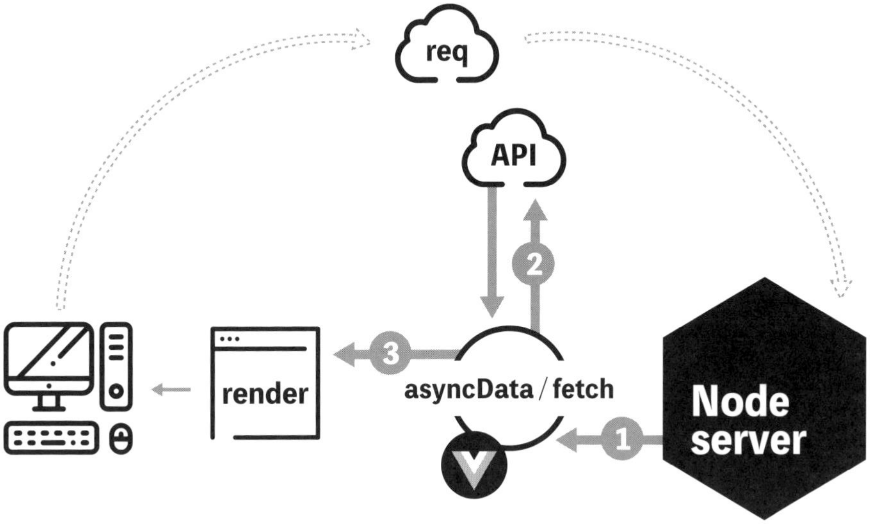

▶図11-1-2　asyncData ／ fetch関数による外部リソースの取得

たとえば、「**http://localhost:3000/?page=123**」というURLでアクセスすると、**query**では「**{ page: '123' }**」のオブジェクトを受け取ることが可能です。

リスト11-1-3では、この**query**を用いて外部リソースにアクセスするものとしています。

▶リスト11-1-3　pages/index.vue

```
<script lang="ts">
import Vue from 'vue'
import { Context } from '@nuxt/vue-app'
import AppArticle from '../components/AppArticle.vue'

interface Data {
  title: string
}
interface AsyncData {
  article: {
    created_at: string
    title: string
    author: string
    body: string
  }
}
export default Vue.extend({
  components: {
    AppArticle
  },
  data(): Data {
```

```
    return { title: 'Nuxt x TypeScript' }
  },
  async asyncData({ query, $axios }: Context): Promise<AsyncData> {
    const { data } = await $axios.get(
      `/api/v1/article/${query.page || 0}`
    )
    return { article: data.article }
  }
})
</script>
```

ここまでのコードでは、**app.$axios**の参照でコンパイルエラーが発生します。**@nuxtjs/axios**をインストールしただけでは、型参照が適用されないためです。

11-1-4 app.$axiosの付与

app.$axiosでもaxiosインスタンスに型参照を通すため、モジュール型拡張を行います。プログラマーが独自に定義する必要はなく、**create-nuxt-app**で自動インストールされた**@nuxtjs/axios**を利用します。

tsconfig.jsonの**types**オプションに、**@nuxtjs/axios**を追加します。

▶リスト11-1-4　tsconfig.json

```
"types": [
  "@types/node",
  "@nuxt/vue-app",
  "@nuxtjs/axios"
]
```

この変更により、次のモジュール型拡張が追加されます。NuxtAxiosInstance型は、axiosライブラリが提供する型です。SFCファイルの**asyncData**関数において、**ctx.app.$axios**および**this.$axios**の参照ができるようになりました。

▶リスト11-1-5　@nuxtjs/axios/types/index.d.ts

```
declare module '@nuxt/vue-app' {
  interface Context {
    $axios: NuxtAxiosInstance
  }
}

declare module 'vue/types/vue' {
  interface Vue {
    $axios: NuxtAxiosInstance
```

```
  }
}
```

11-1-5 asyncData関数を修正する

axiosが利用できるようになったので、APIレスポンスの型を付与します。まずは、APIレスポンスのスキーマの型を定義します。型定義は任意の場所に追加して構いません。これをSFCでインポートして、レスポンスキャストに利用します。

▶リスト11-1-6 types/article.d.ts

```
interface ArticleData {
  article: {
    created_at: string
    title: string
    author: string
    body: string
  }
}
```

修正された**asyncData**関数は、リスト11-1-7のとおりです。NuxtAxiosInstance型は、axiosが提供するAxiosInstance型を継承しています。**$axios.get**関数に対してGenericsでレスポンススキーマを注入すると、**data**変数にArticleData型が適用されていることが確認できます。

▶リスト11-1-7 pages/index.vue

```
async asyncData({ query, $axios }: Context): Promise<AsyncData> {
  const { data } = await $axios.get<ArticleData>(
    `/api/v1/article/${query.page || 0}`
  )
  return { article: data.article }
}
```

■asyncDataの型課題

asyncData関数の戻り値は、Vueインスタンスにマージされます。そのため、たとえば**computed**関数からは、**this.article**で参照可能なことが望ましいです。**data**関数の戻り値と**asyncData**関数の戻り値を揃えてしまうような定義も有効かもしれませんが、できれば別々に担保したいところです。

この課題取り組みについては、後続の節で解説します、

11-2 Vuexの型課題を解決する

Nuxt.jsのSSRでは、ページをレンダリングする前に、サーバーサイドで必要な処理を行えます。Nuxt.jsは、このような処理を行う複数のAPIを持っており、いずれも共通の引数として「コンテキスト」を受け取ります。

このコンテキストには、サーバーサイドのみが受け取れる情報のほか、Vuex Storeの参照が含まれます。必要に応じて、リクエスト内容や閲覧状況をVuexStoreに保持したりクライアントサイドと共有したりすることが可能です。このような背景から、Nuxt.jsにはVuexがあらかじめ組み込まれており、すぐに利用できます。

VuexはNuxt.jsのコア技術であり、大規模アプリケーションにおいては、型で保守することが望まれます。「8-3 Vuexの型推論を探求する」では、**Vuex.Storeインスタンスの推論に頼らないVuex.Storeの型定義**について解説しました。本節は、そこで解説した手法を基礎としているので、本章を読み進める前に必ず確認してください。

また、`create-nuxt-app`を用いて、nuxtプロジェクトをあらかじめ作成してください。Vuexはコア機能としてインクルードされているため、プロジェクト作成時に必要になる指定はありません。デフォルトで`store`ディレクトリが作成されるので、そこに定義を追加していきます。

■サンプルコード
https://github.com/takefumi-yoshii/ts-nuxtjs-vuex
本節のサンプルコードは、上記の筆者のGitHubリポジトリで公開しています。バージョンアップなどにより、誌面の解説内容とコードが一部異なることがあります。あらかじめご了承ください。

11-2-1 名前空間を解決する

Vuexは、Nuxt.js特有のモジュールモードに限らず、「`namespaced: true`」とすることで、ツリー構造に則った名前空間が自動で付与されます。この名前空間は、JavaScriptランタイムで動的に合成され、文字列エイリアスが生成されます。現在のTypeScriptでは、これと同等の合成を行うことはできません。

この課題は、プログラマーが名前空間マッピングを行うことで解決できます。

■名前空間マッピングという概念

getter関数は、ツリー構造に則った文字列エイリアスでアクセスできます。たとえば、次のように**store/counter.ts**で定義されているdouble関数です。

TypeScriptでは**'counter/double'**のエイリアスは生成できませんが、文字列をString Literal Typesとして認識することは可能です。このString Literal Typesと戻り型を突き合わせることで、型推論を導きます。

▶リスト11-2-1 components/HelloWorld.vue

```
<script lang="ts">
import { Component, Vue } from 'nuxt-property-decorator'
import * as Vuex from "vuex"

@Component
export default class HelloWorld extends Vue {
  get storeCounterDouble() {
    return this.$store.getters['counter/double']
  }
}
</script>
```

■Getters型の名前空間マッピング

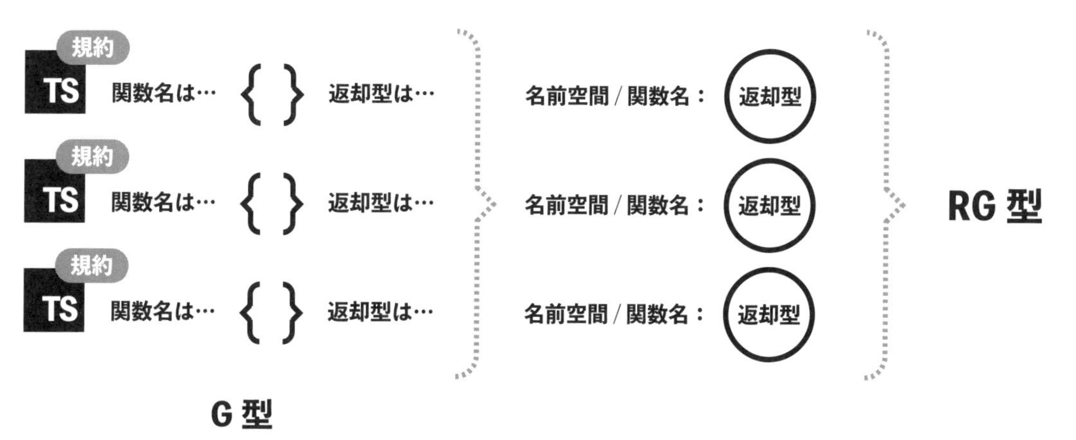

▶図11-2-1 G型をRG型にマッピングする

「8-3 Vuexの型推論を探求する」で定義した**getters**の型を参考に、この解消方法を確認していきます。

まずは、まったく同じ定義を、今回作成したNuxt.jsプロジェクトの**Store**ディレクトリに追加します。そして、IGetters型と定義していた型を、ショートハンドで「G型」という名前に変更します。

▶リスト11-2-2　store/counter/type.ts

```
export interface G {
  double: number
  expo2: number
  expo: (amount: number) => number
}
```

この定義ファイルにモジュールモードで付与される名前空間は、「**counter/**」です。それぞれの関数定義に対応するように、Indexed Access Typesで型定義をマッピングします。インターフェイスのkey名は、String Literal Typesとして認識できます。

▶リスト11-2-3　store/counter/type.ts

```
export interface G {
  double: number
  expo2: number
  expo: (amount: number) => number
}
export interface RG {
  'counter/double': G['double']
  'counter/expo2': G['expo2']
  'counter/expo': G['expo']
}
```

名前空間マッピング型として作成した「RG型」は「RootGetters」を意図した呼称であり、命名規則は自由です。

11-2-2 Module型定義を分離する

前項と同じ要領で、Mutations／Actionsも、名前空間マッピング型を定義します。それぞれ、第8章から次のように名称を変更しています。

- State　→ S
- IGetters　→ G
- IMutations　→ M
- IActions　→ A

マッピングしている名前空間が、Vuexが付与するものと食い違いがないか、改めて確認します。

▶ リスト11-2-4 store/counter/type.ts

```
// ------------------------------------------------------
//
export interface S {
  count: number
}
// ------------------------------------------------------
//
export interface G {
  double: number
  expo2: number
  expo: (amount: number) => number
}
export interface RG {
  'counter/double': G['double']
  'counter/expo2': G['expo2']
  'counter/expo': G['expo']
}
// ------------------------------------------------------
//
export interface M {
  setCount: { amount: number }
  multi: number
  increment: void
  decrement: void
}
export interface RM {
  'counter/setCount': M['setCount']
  'counter/multi': M['multi']
  'counter/increment': M['increment']
  'counter/decrement': M['decrement']
}
// ------------------------------------------------------
//
export interface A {
  asyncSetCount: { amount: number }
  asyncMulti: number
  asyncIncrement: void
  asyncDecrement: void
}
export interface RA {
  'counter/asyncSetCount': A['asyncSetCount']
  'counter/asyncMulti': A['asyncMulti']
  'counter/asyncIncrement': A['asyncIncrement']
  'counter/asyncDecrement': A['asyncDecrement']
}
```

■実装ファイルを確認する

実装ファイルも第8章のままですが、型定義の名称のみを変更します。ここでは、「**import { Getters, Mutations, Actions } from 'vuex'**」といったように、あたかもVuexから提供されているかのように型定義を参照していますが、これについては次項で解説します。

▶ リスト11-2-5　store/counter/index.ts

```
import { Getters, Mutations, Actions } from 'vuex'
import { S, G, M, A } from './type'
// ______________________________________________________
//
export const state = (): S => ({
  count: 0
})
// ______________________________________________________
//
export const getters: Getters<S, G> = {
  double(state) {
    return state.count * 2
  },
  expo2(state) {
    return state.count ** 2
  },
  expo(state) {
    return amount => state.count ** amount
  }
}
// ______________________________________________________
//
export const mutations: Mutations<S, M> = {
  setCount(state, payload) {
    state.count = payload.amount
  },
  multi(state, payload) {
    state.count = state.count * payload
  },
  increment(state) {
    state.count++
  },
  decrement(state) {
    state.count--
  }
}
// ______________________________________________________
//
export const actions: Actions<S, A, G, M> = {
  asyncSetCount(ctx, payload) {
```

```
    ctx.commit('setCount', { amount: payload.amount })
  },
  asyncMulti(ctx, payload) {
    ctx.commit('multi', payload)
  },
  asyncIncrement(ctx) {
    ctx.commit('increment')
  },
  asyncDecrement(ctx) {
    ctx.commit('decrement')
  }
}
```

11-2-3 Vuexの型定義を拡張する

「8-3　Vuexの型推論を探求する」で定義した独自定義型を、Vuexの型として拡張します。**Store**ディレクトリに**shims-vuex-type.d.ts**というファイルを作成し、「**declare module 'vuex'**」宣言空間に追加します。このとき、Commit型およびDispatch型がライブラリ提供の既存型とコンフリクトするので、それぞれExCommit型およびExDispatch型に改名しておきます。

そして、**Vuexが提供しているStore型を継承したExStore型を定義**します。ここに拡張型を付与することで、Vuexが本来提供しているAPIの型を破壊せず、プログラマーが定義した型を追加していくことが可能です。

▶リスト11-2-6　types/shims-vuex-type.d.ts

```
import 'vuex'

declare module 'vuex' {
  type Getters<S, G, RS = {}, RG = {}> = {
    [K in keyof G]: (state: S, getters: G, rootState: RS, rootGetters: RG) => G[K]
  }
  // ______________________________________________________
  //
  type Mutations<S, M> = { [K in keyof M]: (state: S, payload: M[K]) => void }
  // ______________________________________________________
  //
  type ExCommit<M> = <T extends keyof M>(type: T, payload?: M[T]) => void
  type ExDispatch<A> = <T extends keyof A>(type: T, payload?: A[T]) => any
  type ExActionContext<S, A, G, M, RS, RG> = {
    commit: ExCommit<M>
    dispatch: ExDispatch<A>
    state: S
    getters: G
    rootState: RS
    rootGetters: RG
```

```
  }
  type Actions<S, A, G = {}, M = {}, RS = {}, RG = {}> = {
    [K in keyof A]: (ctx: ExActionContext<S, A, G, M, RS, RG>, payload: A[K]) => any
  }
  // ______________________________________________________
  //
  interface ExStore extends Store<{}> {
    // ここに拡張型を追加していく
  }
}
```

11-2-4 SFCでthis.$store参照する

各モジュールの定義をSFCファイルでも型参照できるように、Store型の拡張を行っていきます。

■RootGetters型の適用

まずは、「**import * as Counter from '../store/counter/type'**」として型定義を読み込みます（リスト11-2-7の2行目）。そして、「**declare module 'vuex'**」宣言空間にRootGetters型を定義します。さらに、ExStore型の**getters**に、このRootGetters型を付与します。

▶リスト11-2-7　types/shims-vuex-type.d.ts

```
import 'vuex'
import * as Counter from '../store/counter/type'
import * as Todos from '../store/todos/type'
// ______________________________________________________
//
declare module 'vuex' {
  // ...中略...
  type RootGetters = Counter.RG & Todos.RG
  // ______________________________________________________
  //
  interface ExStore extends Store<{}> {
    getters: RootGetters
  }
}
```

Storeを構成するモジュールは1つではないはずです。モジュールが増えるたびに定義をインポートして、「**Counter.RG & Todos.RG**」のようにしてIntersection Typesで連結していきます。なお、連結するには、モジュールのツリー構造を考慮する必要はありません。

■SFCで確認する

本節のサンプルでは、Nuxt.jsプロジェクトでクラス構文に対応するため、**nuxt-property-decorator**を利用しています。Component定義で、**$store**に対して、先ほど拡張したVuex.ExStore型を付与します。これで、文字列エイリアスによる参照でも推論が適用されるようになります。

▶リスト11-2-8　components/HelloWorld.vue

```
<script lang="ts">
import { Component, Vue } from 'nuxt-property-decorator'
import * as Vuex from "vuex"

@Component
export default class HelloWorld extends Vue {
  $store!: Vuex.ExStore // 必要な付与

  get double() {
    // (property) RG['counter/double']: number
    return this.$store.getters['counter/double']
  }
}
</script>
```

「**$store!: Vuex.ExStore**」として、その都度付与しなければならないのは、Vuexのパッケージに含まれるモジュール型拡張が、インストールの段階で「**$store: Store<any>**」を付与してしまっているためです。これが原因で、module namespaceでの上書きができなくなっています。

▶リスト11-2-9　vuex/types/vue.d.ts

```
declare module "vue/types/vue" {
  interface Vue {
    $store: Store<any>;
  }
}
```

11-2-5 store.commitとstore.dispatchの型

gettersと同じ要領で、**store.commit**／**store.dispatch**に向けて、各モジュールの定義をExStore型に追加していきます。RootMutations型およびRootActions型は、ExCommit型およびExDispatch型のGenericsに使用する点に注意してください。

▶リスト11-2-10　types/shims-vuex-type.d.ts

```
import 'vuex'
import * as Counter from '../store/counter/type'
import * as Todos from '../store/todos/type'
// ______________________________________________________
//
declare module 'vuex' {
  // ...中略...
  type RootGetters = Counter.RG & Todos.RG   // & で連結する
  type RootMutations = Counter.RM & Todos.RM // & で連結する
  type RootActions = Counter.RA & Todos.RA   // & で連結する
  // ______________________________________________________
  //
  interface ExStore extends Store<{}> {
    getters: RootGetters
    commit: ExCommit<RootMutations>
    dispatch: ExDispatch<RootActions>
  }
}
```

gettersと同様に、型の連結でツリー構造を考慮する必要はありません。

■SFCで確認する

拡張したcommit型を**this.$store.commit**呼び出しで確認してみます。

第一引数に指定した文字列から、payload型が推論されていることが確認できます。型定義が一元管理されているため、**store/counter/type.ts**の定義を変更することで、Store定義はもちろん、SFCファイルでもコンパイルエラーを得ることができるようになりました。

▶リスト11-2-11　components/HelloWorld.vue

```
<script lang="ts">
import { Component, Vue } from 'nuxt-property-decorator'
import * as Vuex from "vuex"

@Component
export default class HelloWorld extends Vue {
  $store!: Vuex.ExStore

  get double() {
    // (property) RG['counter/double']: number
    return this.$store.getters['counter/double']
  }
  increment(payload: { amount: number }) {
    // (property) ExStore.commit:
```

```
    // <"counter/setCount">(type: "counter/setCount", payload?: {
    //   amount: number;
    // }) => void
    this.$store.commit('counter/setCount', payload)
  }
}
</script>
```

11-2-6 store.stateの型

store.stateの型も、ほかの構成要素と要領は同じです。注意しなければならないのは、Store構成ツリーどおりの結合としなければならないという点です。たとえば、Store構成ツリーが次のような場合です。

```
├──── counter
│      ├──── type.ts
│      └──── index.ts
├──── type.ts
├──── index.ts
└──── todos
       ├──── type.ts
       ├──── index.ts
       └──── nest
              ├──── type.ts
              └──── index.ts
```

これをIntersection Typesで連結したRootState型は、リスト11-2-12のようになります。

▶リスト11-2-12　types/shims-vuex-type.d.ts

```
import 'vuex'
import * as Root from '../store/type'
import * as Counter from '../store/counter/type'
import * as Todos from '../store/todos/type'
import * as TodosNest from '../store/todos/nest/type'
// ______________________________________________________
//
declare module 'vuex' {
  // ...中略...
  type RootState = Root.S & {
    counter: Counter.S
    todos: Todos.S & {
      nest: TodosNest.S
    }
  }
  // ______________________________________________________
```

```
  //
  interface ExStore extends Store<RootState> {
    getters: RootGetters
    commit: ExCommit<RootMutations>
    dispatch: ExDispatch<RootActions>
  }
}
```

これまで「**interface ExStore extends Store<{}>**」としていた定義を、「**interface ExStore extends Store<RootState>**」のように、結合したRootState型を注入します。

■SFCで確認する

stateの参照を**this.$store.state**で確認してみます。型推論と実装内容が一致していることが確認できます。

▶リスト11-2-13　components/HelloWorld.vue

```
<script lang="ts">
import { Component, Vue } from 'nuxt-property-decorator'
import * as Vuex from "vuex"

@Component
export default class HelloWorld extends Vue {
  $store!: Vuex.ExStore

  get double() {
    // (property) S.count: number
    console.log(this.$store.state.count)
    // (property) S.count: number
    console.log(this.$store.state.counter.count)
    // (property) S.count: number
    console.log(this.$store.state.todos.count)
    // (property) S.count: number
    console.log(this.$store.state.todos.nest.count)

    return this.$store.getters['counter/double']
  }
}
</script>
```

11-2-7 rootStateとrootGettersの型

第8章で宿題としていた「各モジュールのrootState／rootGetters型」をさらに注入します。

getter関数のrootState／rootGettersに型を付与する

Getters型の**rootState**／**rootGetters**に関して、第8章ではGenericsの3番目と4番目に、それぞれGenerics注入できる定義としていました。

▶ リスト11-2-14　types/shims-vuex-type.d.ts

```
declare module 'vuex' {
  type Getters<S, G, RS = {}, RG = {}> = {
    [K in keyof G]: (
      state: S,
      getters: G,
      rootState: RS,
      rootGetters: RG
    ) => G[K]
  }
}
```

ここまでの定義で、RootState型とRootGetters型が得られているので、これを付与します。それにより、Getters型のGenericsの3番目と4番目は不要になりました。

▶ リスト11-2-15　types/shims-vuex-type.d.ts

```
declare module 'vuex' {
  type Getters<S, G> = {
    [K in keyof G]: (
      state: S,
      getters: G,
      rootState: RootState,
      rootGetters: RootGetters
    ) => G[K]
  }
}
```

action関数のrootState／rootGettersに型を付与する

action関数の第一引数にあたるExActionContext型にも、RootState型とRootGetters型を付与します。

第1部
第1章
第2章
第3章
第4章
第5章
第6章
第2部
第7章
第8章
第9章
第10章
第11章

▶リスト11-2-16　types/shims-vuex-type.d.ts

```
declare module 'vuex' {
  type ExActionContext<S, A, G, M, RS, RG> = {
    commit: ExCommit<M>
    dispatch: ExDispatch<A>
    state: S
    getters: G
    rootState: RS
    rootGetters: RG
  }
}
```

同様に、ExActionContext型のGenericsの5番目と6番目は不要になりました。

▶リスト11-2-17　types/shims-vuex-type.d.ts

```
declare module 'vuex' {
  type ExActionContext<S, A, G, M> = {
    commit: ExCommit<M>
    dispatch: ExDispatch<A>
    state: S
    getters: G
    rootState: RootState
    rootGetters: RootGetters
  }
}
```

■getters関数／action関数の型推論を確認する

ここまでで、**getters**定義に付与していたGetters型ならびにactions定義に付与していたActions型には、RootState型とRootGetters型の型参照が追加されました。正しく付与されているか、getter関数とaction関数の推論を確認してみます。

▶リスト11-2-18　store/counter/index.ts

```
import { Getters, Mutations, Actions } from 'vuex'
import { S, G, M, A } from './index.d'
// ______________________________________________________
//
export const getters: Getters<S, G> = {
  double(state, getters, rootState, rootGetters) {
    // (property) S.count: number
    console.log(rootState.counter.nest.count)
    // (property) RG['counter/nest/double']: number
    console.log(rootGetters['counter/nest/double'])
```

```
    return state.count * 2
  }
}
// ------------------------------------------------------
//
export const actions: Actions<S, A, G, M> = {
  asyncSetCount(ctx, payload) {
    // (property) S.count: number
    console.log(ctx.rootState.counter.nest.count)
    // (property) RG['counter/nest/double']: number
    console.log(ctx.rootGetters['counter/nest/double'])
    ctx.commit('setCount', { amount: payload.amount })
  }
}
```

11-2-8 nuxtServerInitにも付与する

Nuxt.js特有の機構に、**nuxtServerInit**というaction関数があります。このaction関数が**store/index.ts**に定義されているとき、Nuxt.jsはそれをコンテキストとともに呼び出します（ただし、サーバーサイドに限る）。ここでもVuex Storeを参照することができるため、ここまでで定義した型を付与します。

また、**nuxtServerInit**関数向けにStoreContext型を追加しますが、これまでの定義済みの型を組み合わせることで、これを表現できます。

▶ リスト11-2-19　すべての型定義が集約されるStoreContext型

```
declare module 'vuex' {
  type StoreContext = ExActionContext<
    RootState,
    RootActions,
    RootGetters,
    RootMutations
  >
}
```

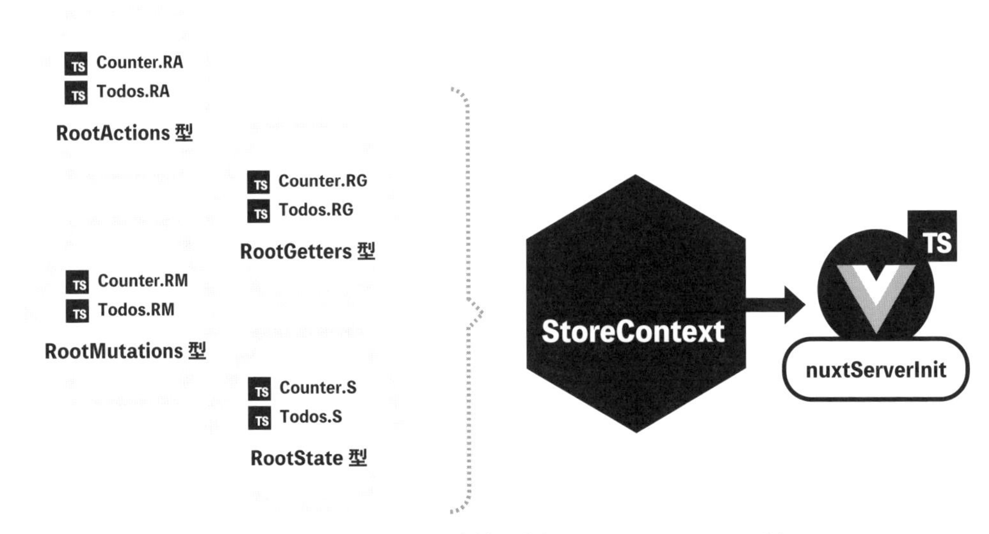

▶図11-2-2　すべての型定義が集約されるStoreContext型

`commit`、`dispatch`、`state`、`getters`、`rootState`、`rootGetters`のすべてに実装内容と一致した型推論が適用されていることが確認できます。

▶リスト11-2-20　store/index.ts

```
import { StoreContext } from 'vuex'

export const actions = {
  nuxtServerInit(ctx: StoreContext) {
    // (property) S.count: number
    console.log(ctx.state.counter.nest.count)
    // (property) S.count: number
    console.log(ctx.rootState.counter.nest.count)
    // (property) RG['counter/nest/double']: number
    console.log(ctx.getters['counter/nest/double'])
    // (property) RG['counter/nest/double']: number
    console.log(ctx.rootGetters['counter/nest/double'])
  }
}
```

11-2-9 定義の整理

本節では、Vuexでも型を工夫して付与することで、隅々まで推論が行き届くことを解説しました。**型の課題を型定義のみで解決しているので、型のために特別なモジュールを追加する必要はありません。**

最後に、このような付与の手法を利用してコーディングする際の注意事項を挙げておきます。

SFCで型が反映されない場合

SFCファイルのみ、型の認識に遅延が発生することがあります。その際には、VS Codeなどのエディターを再起動して確認してください。

実装内容と型推論が食い違っている場合

手動による型の結合であるため、次の項目が満たされているかを確認してください。

1. 名前空間マッピングが間違っていないか
2. ファイルツリー構造と名前空間マッピングが間違っていないか
3. 型結合が間違っていないか
4. ファイルツリー構造と型結合が間違っていないか

これらの間違いがないように、モジュールの実装前に、念入りに注意しましょう。

拡張型の全容

RootState、**RootGetters**、**RootMutations**、**RootActions**の型は、実装を進めるにあたってモジュールが追加されたタイミングで新しいモジュールをインポートして、「**&**」で結合するようにします。

リスト11-2-21はプロジェクトの進捗によって変化する定義なので、拡張型定義とは別ファイルにしておくとよいでしょう。

▶リスト11-2-21　types/shims-vuex-impl.d.ts

```
import 'vuex'
import * as Counter from '../store/counter/type'
import * as Todos from '../store/todos/type'

declare module 'vuex' {
  type RootState = {
    counter: Counter.S
    todos: Todos.S
  }
  type RootGetters = Counter.RG & Todos.RG
  type RootMutations = Counter.RM & Todos.RM
  type RootActions = Counter.RA & Todos.RA
}
```

プロジェクトの進捗によって変化することのない定義を、リスト11-2-22にまとめます。

▶リスト11-2-22　types/shims-vuex-type.d.ts

```
import 'vuex'

declare module 'vuex' {
  // ______________________________________________________
  //
  type Getters<S, G> = {
    [K in keyof G]: (
      state: S,
      getters: G,
      rootState: RootState,
      rootGetters: RootGetters
    ) => G[K]
  }
  // ______________________________________________________
  //
  type Mutations<S, M> = { [K in keyof M]: (state: S, payload: M[K]) => void }
  // ______________________________________________________
  //
  type ExCommit<M> = <T extends keyof M>(type: T, payload?: M[T]) => void
  type ExDispatch<A> = <T extends keyof A>(type: T, payload?: A[T]) => any
  type ExActionContext<S, A, G, M> = {
    commit: ExCommit<M>
    dispatch: ExDispatch<A>
    state: S
    getters: G
    rootState: RootState
    rootGetters: RootGetters
  }
  type Actions<S, A, G = {}, M = {}> = {
    [K in keyof A]: (ctx: ExActionContext<S, A, G, M>, payload: A[K]) => any
  }
  // ______________________________________________________
  //
  interface ExStore extends Store<RootState> {
    getters: RootGetters
    commit: ExCommit<RootMutations>
    dispatch: ExDispatch<RootActions>
  }
  type StoreContext = ExActionContext<
    RootState,
    RootActions,
    RootGetters,
    RootMutations
  >
}
```

本節で紹介した手法は、TypeScriptのmodule namespaceの特性と、Vuexというライブラリの特性を掛け合わせたものです。型定義は、都度インポートする方法のほか、このように一元管理して育て上げることが可能です。これは、プログラムを育て上げることと同じです。Vuexというライブラリの型定義でしか体験できない、新しいTypeScriptの可能性を紹介しました。

第1部
第1章
第2章
第3章
第4章
第5章
第6章
第2部
第7章
第8章
第9章
第10章
第11章

11-3 Nuxt.jsとExpress

サーバーサイドレンダリングの魅力から、Nuxt.jsを選ぶプロジェクトは少なくはないでしょう。Nuxt.jsでは、`asyncData`関数などのライフサイクルメソッドから外部リソースを取得し、取得したデータをレンダリングに適用します。

マイクロサービスアーキテクチャにおいて、Nuxt.jsがフロントエンドのBFFを担う場合、ページコンポーネントの「`GET Request`」を捌くだけでは物足りなくなります。

このようなニーズがある場合、Nuxt.jsをNode.jsのWebアプリケーションサーバーのミドルウェアとして利用することが可能です。この拡張により、POST／PUTリクエストなどを処理できるようになります。

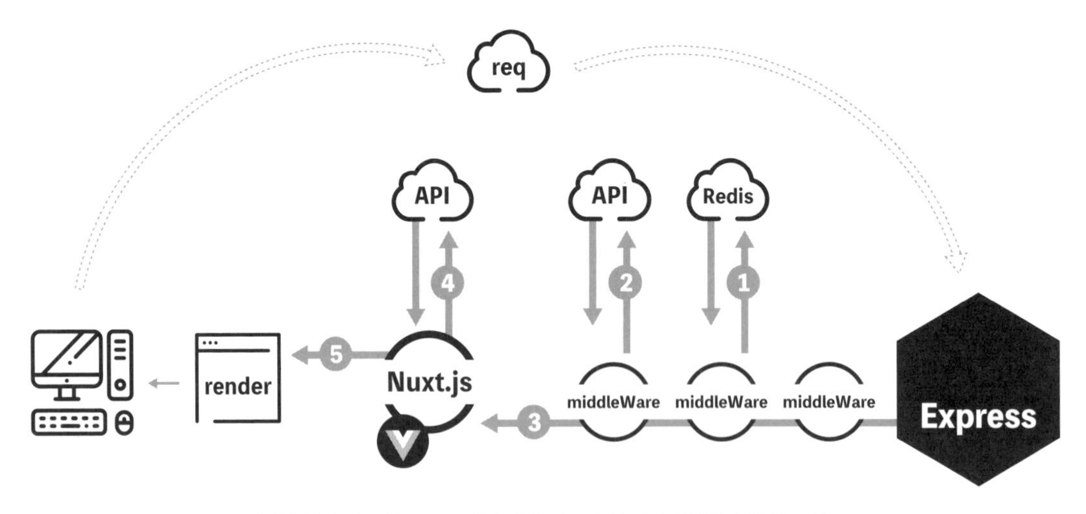

▶図11-3-1　ExpressのミドルウェアとしてNuxt.js駆動するNuxt.js

Nuxt.jsにTypeScriptを導入すること自体は簡単ですが、Node.js Webアプリケーションサーバーとして拡張するには、いくつかの課題があります。これらの課題を解決しながらTypeScriptで型推論を網羅するためには、プログラマーが個々に型定義を拡張せざるを得ないのが現状です。本節では、どのようなAPIが備わっていて、プログラマーがどのような型定義を用意する必要があるのかを考察します。

■サンプルコード
https://github.com/takefumi-yoshii/ts-nuxtjs-express
本節のサンプルコードは、上記の筆者のGitHubリポジトリで公開しています。バージョンアップなどにより、誌面の解説内容とコードが一部異なることがあります。あらかじめご了承ください。

11-3-1 開発環境の構築

Nuxt.jsで公式に提唱されているインストール方法で環境を構築します。プロジェクトを作成するディレクトリで、次のコマンドを入力します。

▶コマンド11-3-1　アプリケーション雛形の作成

```
$ npx create-nuxt-app project-name
```

■ExpressとAxiosを利用する

本節では、Expressを利用した開発を想定しています。したがって、「**Use a custom server framework**」には「**express**」を選択します（複数の選択肢があることからわかるように、Nuxt.jsではほかのNode.js Webアプリケーションサーバーも利用できます）。

▶コマンド11-3-2　カスタムサーバーフレームワークの選択

```
? Project name project-name
? Project description My sweet Nuxt.js project
? Use a custom server framework
  none
> express
  koa
  adonis
  hapi
  feathers
  micro
```

「**Choose features to install**」には「**Axios**」を選択します。このあとに続く、その他の選択項目や入力項目は任意で進めて構いません。

■TypeScript開発のために追加で必要なnpm packages

@nuxt/typescriptが必要なので**dependencies**に追加します。本節では**nuxt-property-decorator**も必要な場面があるので追加しておきます。

▶コマンド11-3-3　dependenciesの追加

```
$ yarn add @nuxt/typescript nuxt-property-decorator
```

Expressサーバーもで記述するので、**devDependencies**に**@types/express**も追加します。

▶コマンド11-3-4　devDependenciesの追加

```
yarn add @types/express -D
```

「11-1　TypeScriptではじめるNuxt.js」で利用した**tsconfig.json**も追加してください。Expressでは、ルート・ハンドラー関数に利用しない引数が含まれることがよくあります。そのため、**tsconfig.json**の**noUnusedParameters**は**false**に設定しておきます。

11-3-2　Nuxt.jsをExpressのミドルウェアにする

Nuxt.jsをExpress サーバーのミドルウェアにするための準備は、実は**create-nuxt-app**でプロジェクトを作成した段階で完了しています。そこで、ここからはExpressサーバーをTypeScriptに移行していきます。

serverディレクトリにある**index.js**を**index.ts**にリネームし、**package.json**に記載されている**server/index.js**も**server/index.ts**に書き換えます。

▶リスト11-3-1　package.json

```
{
  "dev": "cross-env NODE_ENV=development nodemon server/index.ts --watch server",
  "build": "nuxt build",
  "start": "cross-env NODE_ENV=production node server/index.ts",
  "generate": "nuxt generate"
}
```

そして、開発時のnodemon向けに、**nodemon.json**を追加します。これにより、開発中はExpressサーバーの変更を検知し、再起動が実行されます。

▶リスト11-3-2　nodemon.json

```
{
  "watch": ["server", "routes"],
  "ext": "ts",
  "exec": "ts-node -O '{\"module\": \"commonjs\"}' ./server/index.ts"
}
```

■server/index.tsを編集する

モジュールを**import**で読み込むことで型推論が適用されます。**express**、**consola**は型定義があるのでインポートします。コードを見てわかるように、ExpressサーバーのミドウェアとしてNuxt.jsがマウントされています。

app.use(nuxt.render)よりも前に、Expressルートやミドルウェアを追加することで、BFFを自由に構築できます。

▶ リスト11-3-3 src/server/index.ts

```
import express from 'express'
import consola from 'consola'
import Session from './session'
import Article from './article'
const { Nuxt, Builder } = require('nuxt')
const app = express()

// Import and Set Nuxt.js options
const config = require('../nuxt.config.ts')
config.dev = !(process.env.NODE_ENV === 'production')

async function start() {
  // Init Nuxt.js
  const nuxt = new Nuxt(config)

  const { host, port } = nuxt.options.server

  // Build only in dev mode
  if (config.dev) {
    const builder = new Builder(nuxt)
    await builder.build()
  } else {
    await nuxt.ready()
  }
  //
  // ここにPOST/PUTなどのExpressルート・ハンドラーを実装していく
  //
  Session(app)
  Article(app)

  // Give nuxt middleware to express
  app.use(nuxt.render)

  // Listen the server
  app.listen(port, host)
  consola.ready({
    message: `Server listening on http://${host}:${port}`,
    badge: true
```

```
  })
}
start()
```

11-3-3 Context型の課題

Nuxt.jsにおいて、**Context**の参照は欠かせません。Nuxt.jsの型定義は、オープンソースで配信されている**@nuxt/vue-app**を参照するのがよいでしょう。ただし、Expressアプリケーションのミドルウェアとして Nuxt.jsを利用する場合、この型定義をそのまま利用することはできません。

■@nuxt/vue-appの課題点

Contextからは、**req**／**res**オブジェクトを参照することができますが、Express.Request型／Express.Response型のそれぞれが付与されている訳ではありません。Nuxt.jsのハンドラーに到達する前に、Express側でExpress用のミドルウェアが適用されているケースは少なくないでしょう。たとえば、express-sessionなどが挙げられます。

Nuxt.jsは、Express以外にもサーバーサイドアプリケーションフレームワークを選択することができるため、**req／resの型は自由に付与できるものでなければなりません。**

また、Vuex StoreもStore<any>型が付与されており、プロジェクトで定義されているStoreの型が参照できなくなっています。

▶リスト11-3-4　拡張不能な@nuxt/vue-appのContext型

```
export interface Context {
  app: Vue
  isDev: boolean
  isHMR: boolean
  route: Route
  store: Store<any> // Vuex APIしか参照できない
  env: Dictionary<any>
  params: Route['params']
  payload: any
  query: Route['query']
  req: Request  // Express.Requestではない
  res: Response // Express.Responseではない
  redirect (status: number, path: string, query?: Route['query']): void
  redirect (path: string, query?: Route['query']): void
  error (params: ErrorParams): void
  nuxtState: NuxtState
  beforeNuxtRender(
    fn: (params: {
      Components: VueRouter['getMatchedComponents']
      nuxtState: NuxtState
```

```
    }) => void
  ): void
}
```

11-3-4 Context型を拡張する

プロジェクトに適したContext型とするため、別型を定義します。プロジェクトルートに**types**ディレクトリを作成し、そこに**@nuxt/vue-app**から提供されている型定義を**./types/nuxt**に複製します。

@nuxt/vue-appの指定を除き、**./types**の指定を追加した**tscongif.json**は次のとおりです。

▶ リスト11-3-5 tsconfig.json

```
"types": [
  "@types/node",
  "@nuxtjs/axios",
  "./types/nuxt",
  "./types/vuex"
]
```

前節で作成したVuex関連の型定義は、**./types/vuex**に移動しておきます。

■index.d.tsの修正

まずは、複製した**node_modules/@nuxt/vue-app/types/index.d.ts**を修正します。Express.Request／Express.Response型、NuxtAxiosInstance型は、この拡張Context型で利用します。前節で隅々まで型を付与したVuex.ExStore型も、ここで利用します。

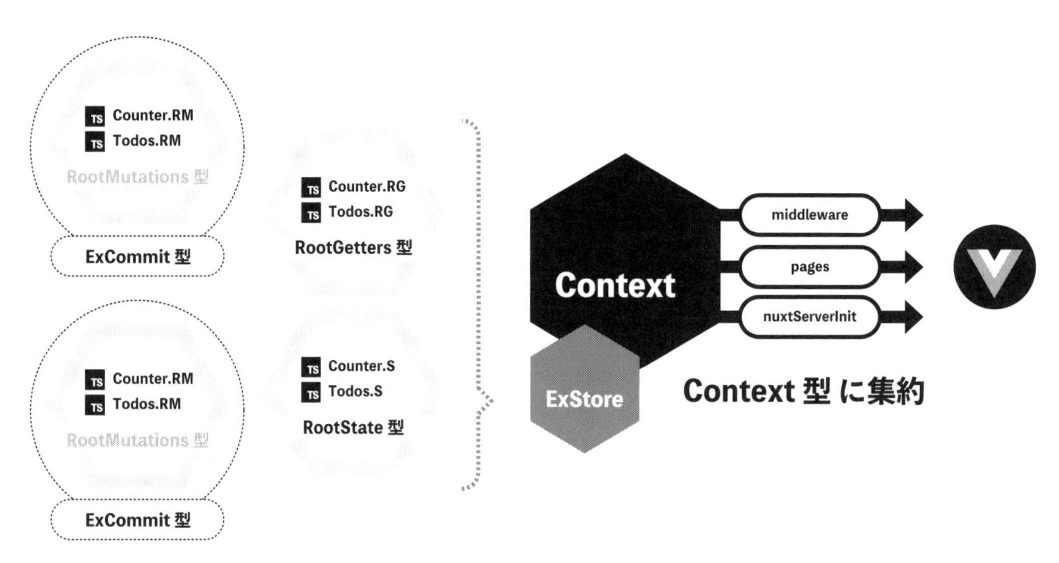

▶図11-3-2　すべての型定義が集約されるContext型

▶リスト11-3-6　types/nuxt/index.d.ts

```
import Vue from "vue";
import * as Vuex from "vuex"
import * as Express from "express"
import { NuxtAxiosInstance } from "@nuxtjs/axios"

// ... 中略 ...

export interface Context {
  app: Vue;
  isClient: boolean;
  isServer: boolean;
  isStatic: boolean;
  isDev: boolean;
  isHMR: boolean;
  route: Route;
  store: Vuex.ExStore; // 前節で得られた、隅々まで型が付与されたStore型
  env: Dictionary<any>;
  params: Route['params'];
  query: Route['query'];
  req: Express.Request      // ServerにExpressを利用している場合
  res: Express.Response     // ServerにExpressを利用している場合
  $axios: NuxtAxiosInstance // Axiosを利用している場合
  redirect(status: number, path: string, query?: Route['query']): void;
  redirect(path: string, query?: Route['query']): void;
  error(params: ErrorParams): void;
  nuxtState: NuxtState;
  beforeNuxtRender(
```

```
    fn: (params: {
      Components: VueRouter['getMatchedComponents']
      nuxtState: NuxtState
    }) => void
  ): void
}
```

11-3-5 nuxt-property-decoratorによる定義

nuxt-property-decoratorを利用する利点として、**asyncData**の戻り型を付与できることが挙げられます。**asyncData**関数の戻り値は、そのままVueインスタンスのメンバーとして保持されます。そのため、AsyncData型の実装として、クラス定義を行います。

ここまでで、ExStore型、Express.Request型、Express.Response型が付与されたContext型を得ることができたので、これを利用していきます。このContext型は、いたるところで利用できます。

▶リスト11-3-7 pages/index.vue

```
<script lang="ts">
import { Component, Vue } from "nuxt-property-decorator"
import { Context } from "../types/nuxt"
import { ArticleData } from '../types/article'
import AppArticle from '../components/AppArticle.vue'
import AppCounter from '../components/AppCounter.vue'
import AppTodos from '../components/AppTodos.vue'

interface Data {
  title: string
}
interface AsyncData {
  article: {
    created_at: string
    title: string
    author: string
    body: string
  }
}

@Component({
  components: {
    AppArticle,
    AppCounter,
    AppTodos
  }
})
export default class extends Vue implements Data, AsyncData {
```

```
  title = 'Nuxt x TypeScript'
  article = {
    created_at: '',
    title: '',
    author: '',
    body: ''
  }
  async asyncData({ query, $axios }: Context): Promise<AsyncData> {
    const { data } = await $axios.get<ArticleData>(
      `/api/v1/article/${query.page || 0}`
    )
    return { article: data.article }
  }
}
</script>
```

VS Codeなどのエディターでは、**ctx**オブジェクトに適用されている型推論を即座に確認できます。

▶リスト11-3-8　middleware/index.ts

```
import { Context } from "../types/nuxt"

export default (ctx: Context) => {
  // ctx.store.dispatchがpayloadまで推論できる
  // ctx.req.sessionがプログラマーが定義した値まで推論できる
}
```

▶リスト11-3-9　store/index.ts

```
import { StoreContext } from 'vuex'
import { Context } from "../types/nuxt"

export const actions = {
  nuxtServerInit(store: StoreContext, ctx: Context) {
    // store.dispatchがpayloadまで推論できる
    // ctx.req.sessionがプログラマーが定義した値まで推論できる
  }
}
```

11-3-6 ExpressのミドルウェアをNuxt.jsに設置する

ここまでは、ExpressのミドルウェアとしてNuxt.jsを利用する方法を紹介しました。そのほかには、プロジェクトルートに**api**ディレクトリを作成し、そこにExpress ルート・ハンドラーを設置する方法があります。

nuxt.configに**serverMiddleware**の指定オプションがあるので、その配列に適用したい順番にルート・ハンドラーを列挙します。たとえば、次のように指定します。

▶ リスト11-3-10 nuxt.config.ts

```
serverMiddleware: [
  { path: '/api', handler: '~/api/middleWare.ts' },
  { path: '/api', handler: '~/api/index.ts' }
]
```

このような指定がある場合、「**http://localhost:3000/api**」へのリクエストは、はじめに**api/middleWare.ts**のルート・ハンドラーが実行されます。このミドルウェアは、サーバーコンソールにリクエストメソッドを出力します。

▶ リスト11-3-11 api/middleWare.ts

```
import * as Express from 'express'

export default function (
  req: Express.Request,
  res: Express.Response,
  next: Express.NextFunction)
 {
  console.log(req.method)
  next()
}
```

ここでは、next関数を呼び出しているため、次に示すミドルウェアに処理が移ります。結果として、「**http://localhost:3000/api**」からのレスポンスとして「**{ message: 'Hello' }**」が送られてきます。

▶リスト11-3-12　api/index.ts

```
import * as Express from 'express'

export default function (
  req: Express.Request,
  res: Express.Response,
  next: Express.NextFunction
) {
  res.send({ message: 'Hello' })
}
```

サーバーミドルウェアとするファイルのルート・ハンドラー関数は、Expressを利用している場合、Expressから提供されている型を付与すれば問題ありません。

11-3-7 本節のまとめ

本節では、Nuxt.jsとNode.jsサーバーの関係、そして、それに起因する型定義について解説しました。Nuxt.jsは柔軟な拡張力を備えていますが、その利用方法は多岐に渡ります。そのため、本節の内容のようなプロジェクト固有の定義を付与する必要も出てきます。また、実装に存在しない型定義が付与されていたり、上書きができなくなっていたりといった課題もあります。

公式で提供されている型定義は、現在のところ、Nuxt.jsの拡張力と同等の拡張性を持ち合わせていません。そのため、提供されているものに頼るだけでは、手詰まりになることがあります。もちろん、すべての型定義を完璧にする必要はありませんが、型定義を拡張する術を知っていれば、Nuxt.jsプロジェクトの開発をより強力にサポートできるはずです。

おわりに

筆者は、過去にいくつかの静的型付け言語に触れたことがありました。いずれもオブジェクト指向のプログラミング言語であり、TypeScriptに取り組みはじめた当初は、これらの言語と同じようなものだろうと思っていました。TypeScriptがオブジェクト指向プログラミングをサポートしているのは間違いありません。しかしながら、TypeScriptにはそれらの言語と一線を画す「おもしろさ」があることに気がつきました。これは普通の型システムではない、と。その熱が冷め止まぬまま今にいたり、いつしか本書を書き終えていました。

そもそも書籍執筆という機会は、TypeScriptに出会うまでありませんでした。執筆のきっかけは、自作のnpm packageをリリースした同時期に、TypeScriptにConditional Typesが搭載されたことです。この機能に魅了され、素晴らしさを世に広めたいという想いがあった著者にとって、2018年10月8日に開催された「技術書典5」は、またとない機会となりました。幸いにもサークルとして参加することができ、『Conditional Types I/O- TypeScript 3.1 推論型の活用と合成』という同人誌を頒布しました。そして、これをきっかけにマイナビ出版の西田さんからお話をいただき、本書を執筆することになりました。このような機会を設けていただいたマイナビ出版の西田さん、技術書典運営の皆さまに、この場をもって謝辞を述べさせていただきます。

2019年6月現在、フレームワークにTypeScriptを導入する術は、誰もが手探りの状態です。盛り上がりを見せている理由の1つに「発展途上であること」があると思います。試行錯誤の成果は、今もなお、いたるところで発表されています。本書もまた、そんな試行錯誤の成果の一端です。型定義のテクニックを身に付け、型課題を1つひとつ解決していくのは、プロダクトの本質を忘れて没頭してしまうほど、楽しいことです。これに没頭することもよいのですが、JavaScriptスーパーセットならではの柔軟さを無下にすることなく受け入れる寛容さも必要です。前向きな「any」を活用することですら、TypeScriptの素晴らしさの一部なのですから。本書に記した堅牢な型定義のテクニックは、読者の皆さまにとって本当に必要な部分だけを持ち帰っていただければ幸いです。

本書を書き終えた今、TypeScriptの素晴らしさの普及に書籍執筆というカタチで貢献きたとすれば、非常にうれしく思います。これからもTypeScriptの進化とともに、素晴らしいサービスを世に送り出していきましょう。

2019年6月　吉井 健文

Index

記号・数字

A・B・C

D・E・F

G・H・I・J・K

■ あ行

■ か行

■ さ行

た行・な行

は行

ま行

や行・ら行・わ行

●著者プロフィール

吉井 健文（よしい たけふみ）

DeNA所属のフロントエンドエンジニア。
『DeNA TechCon 2017』『DeNA TechCon 2018』に登壇。
技術書典にサークル参加し、『推論型の活用と合成』と『型の強化書』を頒布。
Flashを使ったWebサイト制作時代から、フロントエンドの業務に携わる。
書いていて一番楽しいコードは、Reactの自作SVGチャート。

GitHub：https://github.com/takefumi-yoshii
Twitter：https://twitter.com/takepepe
Qiita：https://qiita.com/Takepepe

STAFF
● DTP：　本薗 直美（株式会社アクティブ）
● 装丁：　鈴木 海太（株式会社エレナラボ）
● 編集部担当：　西田 雅典

実践TypeScript

BFFとNext.js & Nuxt.jsの型定義

2019年6月25日　初版第1刷発行
2020年2月20日　初版第3刷発行

著者　吉井 健文
発行者　滝口 直樹
発行所　株式会社マイナビ出版
〒101-0003　東京都千代田区一ツ橋2-6-3 一ツ橋ビル 2F
TEL：0480-38-6872（注文専用ダイヤル）
TEL：03-3556-2731（販売）
TEL：03-3556-2736（編集）
E-Mail：pc-books@mynavi.jp
URL：http://book.mynavi.jp
印刷・製本　株式会社ルナテック

ISBN978-4-8399-6937-0